ヒロシマとフクシマのあいだ

ジェンダーの視点から

加納実紀代
Kanou Mikiyo

インパクト出版会

ヒロシマとフクシマのあいだ

目次

I　ヒロシマとフクシマのあいだ

II 反核運動と女性

トリニティの青い空

ニューメキシコの基地の町、アラモゴードを出て約二時間、トリニティサイトに通じるゲイトについたのは一〇時すぎだった。白茶けた大地に、あっけらかんと青空が広がっている。遠くにはうっすら雪をかぶった山並みも見えるが、まずは一望千里、丈の低い草がまばらに生えた荒野が広がっているばかりだ。ずらりと並ぶ車列のうしろについて検問を受ける。緊張の瞬間である。しかし笑顔の女性兵士から入場規則を書いた紙を渡され、名前と国籍を書いて終わり。

そこからさらに、有刺鉄線のフェンスに添って三〇キロほど車を走らせるとトリニティサイトである。駐車場にはもうびっしり車が並んでいた。小さな子どもやペットの犬をつれた人が多い。まるでピクニックのようだ。放射能が心配ではないのだろうか。太陽は中天近くにまぶしく輝いている。けっこう日差しがつよい。人びとは足下に短く影を引いて、フェンスのあいだの道をグランドゼロめざして歩いてゆく。

六五年前の一九四五年七月一六日は夜半から豪雨で、午前四時に予定されていた実験はいったん延期された。しかし四時過ぎにはあがり、午前五時二九分四五秒、雨上がりの大地を揺るがして閃光が走った。巨大な火球がむくむとふくれあがる。人間の歴史に、〈核〉が誕生した瞬間である。我は死なり、世界の破壊者なり。開発を指揮したロバート・オッペンハイマーは、インドの詩編『バガバッドギーター』の一節を思い起こしたと後に語っている。この荒野を人類史上初の核実験場に選び、トリニティ（三位一体）と名付けたのは彼だった。

爆心には直径八〇メートル、深さ一・五メートルのクレーターがうがたれたが、その後埋め立てられ、「世界の破壊者」の爪痕を直接語るものはない。しかし一九六〇年代、実験場は国立の歴史遺跡となり、爆心に記念碑が建てられた。グランドゼロである。一帯はアメリカ空軍のミサイル実験場でふだんは立ち入り禁止だが、四月と一〇月の第一土曜にだけ開放される。わたしが訪れたのは二〇一〇年四月三日の第一土曜日。作家林京子の文章に導かれてのことである。

林が訪れたのは一九九九年一〇月二日の第一土曜日。古稀を前にしてのことだった。わたしはほぼその一〇年後に訪れたわけだが、やはり古稀を目前にしていた。周知のように林は長崎の被爆者、わたしは広島の被爆者である。けっしていい読者ではないが、わたしは同じ被爆者として、林の作品に無関心ではいられなかった。「世界の破壊者」としての原爆は、圧倒的な力であらゆるものをなぎ倒し焼きつくし、老若男女、貴賤にかかわらず無差別に人を殺す。その意味ではきわめて平等主義だが、その死の世界を生き延びた後の人生にはジェンダーによる違いがある。とくに未成年の被爆者が成長し、やがて結婚し子どもを持ち、というありふれた人生の節目に向き合うとき、被爆の重みは女性の方に圧倒的に重い。だから井伏鱒二の『黒い雨』において、主人公閑間重松は姪の結婚で悩むのだが、作家林京子には申し訳ないが、わたしは林の作品に、被爆女性としての人生の先達を見ていたような気がする。林はちょうど一〇歳の年長で、先達としてあおぐには都合よかった。結婚にあたっての気後れ、胎動を感じたときの恐怖、鼻血の止まらない息子を抱えて医者に走るときの必死の思い等々を投影しつつ、林の作品を読んでいたように思う。

とくに「長い時間をかけた人間の経験」（『群像』一九九九年九月号）には、伏兵に出会ったような衝撃をうけた。そこには還暦をすぎ、古稀を前にした「私」が、つねに人生に覆い被さっていた原爆の死の影から逃げ切ったとの解放感の一方、肩すかしを食らったようで混乱するさまが描かれていた。原爆の死の影から逃がれたということは、これまで考えていなかった「人並みの老死」に向き合うことである。この「新手の死」とどう折り合いをつければいいのか?

この戸惑いはわたし自身のものでもあった。一九四〇年生まれのわたしにとって、二〇〇〇年は還暦の年である。子どもにとって還暦は遠い。せめて還暦まで、二〇〇〇年まで生きられたらと子どものころから思っていた。二〇〇〇年という大きな節目にたどり着いて、それにつかまり伸び上がって、その先に広がる二一世紀を一目でも見られたら、と思って生きてきた。だから「老後」の心配は不要だった。ところが気がついてみれば、その還暦をすぎ、いまや古稀にまで近づいているではないか!

林は古稀を前にしてトリニティサイトを訪れた。その道行きは「トリニティからトリニティへ」(『群像』二〇〇〇年九月号)に詳しい。一〇年後、わたしはこの文章に導かれて訪れたわけだが、違っている点もあった。ゲイトで渡された入場規則は、林の文章では一三項目とあったが、今回は一〇項目だった。

1、グランドゼロおよびマクドナルド農場以外では写真撮影を禁ずる。

2、デモ、ピケ、シットイン、抗議の行進、政治的スピーチ等は禁止する。

3、ミサイル基地内ではあらゆる武器の携行を禁ずる。

…………

6、グランドゼロからトリニティタイトを持ち出してはならない。トリニティタイトは歴史遺跡の製造物である。

……………

8、ヘビに注意。グランドゼロや農場ではガラガラヘビが発見されている。

9、ペットは車においておくこと。連れ出す場合は必ずひもにつなぐこと。車においてゆく場合は窓を開けておくように。さもなければ暑さでペットは直ちに死んでしまうだろう。

これらは林の場合と共通する。6にあるトリニティタイトとは、爆発の高温で砂漠の砂が溶け、緑色の透明な玉のようになったものをいう。かつては一センチ大の球状だったらしいが、現在は小さくくだけている。林のときの入場規則には放射能についての注意があった。「トリニティにある一切のものに放射能が含まれている。フェンスの中の一時間のツアーで、〇・五〜一ミリレントゲンの放射能を浴びることになる。（略）見学をするかしないかはあなた自身の責任である」（「八月九日からトリニティまで」『林京子全集』8巻）とある。しかしわたしがもらった一〇項目中にはそれはない。なぜだろう？

いちばんの違いは声である。林はトリニティ行についていくつか文章を書いているが、共通するのは〈沈黙〉である。

「家族連れが多く、子供の手を引いた父親の姿が目につく。砂漠の植物のトゲと、放射能をもつ短い足許の草に気をとられているからだろうか。見学者たちはうつ向いて、無言で歩いてゆく。荒野の中で動いているのは、「トリニティ・サイト」を歩く人間だけである。」

(「トリニティからトリニティへ」)

「沈黙」と題する文章もある(『新潮』二〇〇〇年七月号)。その最後はこう結ばれている。

「ただ一つの救いは、「グランドゼロ」を目前にしたときの、人びとの沈黙である。私はあの沈黙に、人びとの良心を感じている。」

しかしわたしのまわりには、たくさんの声があった。甲高い子どもの声や大人たちのおしゃべり、楽しげな笑い声……。とりわけグランドゼロを囲む人垣は騒がしかった。黒い溶岩を四角錐に積み上げた三メートルあまりの記念碑がグランドゼロだが、人びとは口々にしゃべりながら我れさきに写真を撮る。

まわりのフェンスには、原爆開発の苦労や実験成功を語る写真がかけられている。広島への原爆投下を伝える新聞もあったが、もちろんキノコ雲の下の惨状について記述はない。わたしのなかに怒りがふくれあがった。叫びだしそうになった。

「みなさん、わたしをみてください。わたしは広島のサバイバーです。ここで誕生した原爆のせいで、一〇分前まで一緒に遊んでいたカッチャンは焼かれて死にました。五歳で

グランドゼロ。写真を撮るのは順番待ちだった。

した……」

しかしもちろんそんなことはできない。入場規則には抗議や政治的スピーチ等は禁止するとあった。せめてヒロシマの写真があれば、黙って胸に掲げてグランドゼロの横に立っているのに……。本気でそう思った。

人びとはいったい、何を求めてここにやってくるのだろう？　核という科学技術の枠をたしかめるため？　戦勝の記憶をあらたにするため？　そんな大げさなことでなく、ただの暇つぶしだったとしても、ここにくれば〈偉大なアメリカ〉を体感することになるだろう。だから子ども連れが多いのだろうか？　ここには子どもが面白がりそうなものは何もない。ブランコもジャングルジムもなく、ただ砂漠の真ん中に石碑が立っているだけだ。だから子どもたちは、駐車場のそばに転がっているジャンボの残骸に出たり入ったりして遊んでいる。ジャンボとは、実験に失敗した場合、プルトニウムの飛散を封じるためにつくられた厚さ二〇センチ以上もある鋼鉄の容器である。実験終了後破壊されたが、あまりに巨大で丈夫なため放置され、六五年以上もトンネルのような残骸をさらしているのだ。

林京子の〈沈黙のトリニティ〉は、作家の想像力が生み出したものだろう。家族連れが多いことや赤いフリスビーを飛ばす少年の存在も書かれているから、現実にはただ沈黙が支配していたはずはない。人間が生み出した恐るべき業火に焼かれ、瞬時に沈黙を強いられた大地の痛みへの感応が、〈沈黙のトリニティ〉なのだ。

ジャンボの残骸で遊ぶ子どもたち

「その静寂のなかを、遥かな山並みから、立っている大地の下から、ひたひたと肌を打って寄せてくるものがある。突然私は、激しい暴力的な感動に襲われた。大声をあげそうな感動だった。私は慄えながら、「グランド・ゼロ」と向き合った。

半世紀も前の豪雨の未明、この一点から閃光が荒野に走った。爆発点は摂氏百万度である。燃えたぎった閃光は雨を泡立て、草を焼き、山肌にぶつかって、駆け抜けて行ったのである。どんなに熱かっただろうか。

「トリニティ・サイト」にくるまで私は、地球上で最初の被害者は、私たち、被爆者だと考えていた。しかし違った。私の先輩がいたのである。叫ぶことも泣くことも、訴えることも出来ないで、彼らは沈黙して、ずっとここにいたのである。私の日に涙があふれた。」（「沈黙」）

林は、半世紀前に業火に焼かれた大地の痛みをわが身に受けとめ、八月九日には流せなかった涙をあふれさせた。トリニティから始まった林の八月九日は、トリニティに回帰して円環を閉じたようにみえる。

しかしわたしは、六五年前の大地の沈黙を感得するどころか、あっけらかんとした青空のもと、人間たちのさざめく声と楽しげな笑い声にいらだつばかりだった。そのいらだちは、アフガン、イラクと、二一世紀になってあいついでアメリカが行った攻撃に感じたものとつながっていた。

東日本大震災が起こったのは、トリニティ行きからほぼ一年後である。揺れやまぬ大地、押し寄せる真っ黒な大津波。そして福島第一原発の事故である。その第一報を聞いたとき、まず思ったのは、だから言ったでしょ、だった。反対の声に耳を傾けないからこんなことになるのだ。ざまあみろとまでは思わなかったが、それに近い感情を持ったのは否めない。

しかしすぐに、そんなことがいえる状況ではないことがわかってきた。ほんとうに、この日本でメルトダウンがおこってしまったのだ。しかもこの地震列島の海岸には、なんと五四基もの原発が造られているというのだ。

被爆国がなぜ原発大国になったのか？　海外からのこの疑問は身にこたえた。被爆者の無為を責められているような気がした。ヒロシマはなぜフクシマを止められなかったのか？　なぜむざむざと五四基もの原発建設を許してしまったのか？　慚愧の念にせかれつつ、無我夢中、という感じで〈核〉を軸に戦後史の再検証をはじめた。本書の第一部はその過程で書いたり話したりしたものである。

広島への原爆投下から一〇年あまり、一九五〇年代の原発導入期が中心だが、そこでみえてきたのは「原子力時代」に夢をかける「明るい」日本の姿である。広島では、原爆投下から一九五〇年代半ばまでを「空白の一〇年」という。その間、被爆の惨状は日本社会に共有されず、何の援護策もとられなかったからだ。その要因は、占領政策によって報道が統制され、原爆についての情報がなかったためとされてきた。しかし情報はあった。核の威力と「明るい原子力時代」についての情報はふんだんにあった。トリニティの青空のもとの核に対する無自覚さは、被爆国日本にもあったのだ。その原因をアメリカの占領政策にだけ帰することはできない。

第二部「反原発運動と女性」におさめた文章は、最後の「当事者性と一代主義」をのぞいて、フクシマ以前に書いたものである。反核運動ではつねに女性が大きな役割を果たしてきた。一九五四年三月、アメリカのビキニ環礁での水爆実験で第五福竜丸が被曝したことから、原水爆禁止署名運動が国民的盛り上がりを見せるが、それを立ち上げ中心的に担ったのは女性たちだった。また一九七〇年代、各地でおこった原発反対運動では多くの場合、女性たちが最前線でがんばった。一九八六年のチェルノヴイリ事故後、日本でも盛り上がった反原発運動では幼い子どもを持つ母親たちが果敢に立ち上がった。今回のフクシマでもそうである。

それを〈母性〉に結びつける見方がある。ビキニ事件後の原水禁運動は母親大会に結実し、スローガン「生命を生み出す母親は、生命を守り、生命を守ることを願います」を生み出した。チェルノヴイリ事故後の反原発運動では「母性本能」に依拠した原発反対論が影響力を持った。フクシマでもメディアの焦点は「お母さん」である。

一九七〇年代の第二波フェミニズムは、〈母性〉について、その歴史構築性を明らかにし、ジェンダー秩序の柱として批判してきた。わたしもその批判を共有してきた。しかし本書に収録した「反原発運動と女性」、「女はなぜ反原発か」にみられるように、女性たちの反原発は目前の小さないのちへの共感と、いのちの連なりへの実感からきているように思える。それはとても大切なことだ。〈母性〉批判が、産湯とともに赤子を流すようなことになってはならない。最後の「当事者性と一代主義」はそう思って四苦八苦したものだが、まだまだ不十分であることは自覚している。

フクシマ以後、原発導入の経緯や、大衆社会との関連で〈核〉について検証したものは、それこそ奔流のように刊行されている。そこに本書を付け加える意義が少しでもあるとすれば、それはジェンダーの視点にこだわっていることだろう。

最後に、タイトルの「ヒロシマとフクシマのあいだ」についてひとこと。

かつてわたしは、カタカナのヒロシマが嫌いだった。「ヒロシマ」は「世界平和」などと同じように空疎なものであり、「わたしの広島」ではないと思っていた。たぶんいま福島のひとびとも、「フクシマ」に異和感を感じているのではないだろうか。にもかかわらずあえて使うのは、人類史的意義を感じるからである。ヒロシマがそうであったように、フクシマも人類史を画するものである。そしてそれはヒロシマが開いたものを終わらせ、人間と地球の新しい未来をひらくための画期でなければならない。その願いを込めて、あえて「ヒロシマとフクシマのあいだ」とした。

I

ヒロシマとフクシマのあいだ

ヒロシマとフクシマのあいだ

テレビをつけたら、白装束姿の白髪の女性が映った。春風の中を行くお遍路さん、と一瞬思ったらとんでもない、わが家に「一時帰宅」する原発被災者たちだった。いちばん安全でくつろげて、安心して裸になれる、それがわが家というものではないのか？　そのわが家に帰るのに、物々しい防護服に身を固めなければならないとは！

無力感が胸をかむ。なぜヒロシマはフクシマを止められなかったのか……。一九四五年八月六日、わたしは広島で被爆した。わたしの記憶の原点にはヒロシマがある。わたしの人生は被爆者手帳とともにあった。そのわたしにとって、原爆と原発は別物ではない。3・11以後のフクシマは8・6ヒロシマにつながっている。

「被爆国ニッポン」がなぜ原発大国になったのか？　この問いは、3・11後、国内よりも国外から多く聞かれる気がする。七〇年代に被爆者への聞き取りをふまえて大著『ヒロシマを生き抜く』（岩波書店　旧題『死の内の生命』）を著したロバート・リフトンも、四月一五日の『ニューヨーク・タイムズ』で、原爆と原発の同質性を言ったうえでこの問いを立てている（「フクシマとヒロシマ」）。その答えとしてリフトンは、政・官・産業界のなれ合いのもと、原発推進勢力が原発と原爆は違うという認識を浸透させたからだと言う。

わたしにとって〈原発＝原爆〉は自明だが、どうやら一般にはそうではないらしい。たしかにヒロシマとフクシマの間には違いもある。わたしの記憶にあるヒロシマはすさまじい熱線と爆風により「パット剥ギトッテシマッタアトノセカイ」（原民喜『夏の花』）であり、ただ瓦礫の中に黒焦げ死体が累々と転がっていた。今回も同様にいのちも暮らしも「剥ギトッテシマッタ」が、あとには膨大な残骸がある。流された車や押しつぶされた家、瓦礫のなかにはおびただしい数のテレビ、冷蔵庫、洗濯機等の電化製品が堆積している。

ヒロシマにはそんなものはなかった。焼けてしまったからではない。もともとなかったのだ。そこから始まったわたしの暮らしも、いまや電気がなければ厄介なゴミにすぎない電気製品に取り囲まれている。この地震列島の海岸に建つ五四基もの原発と無縁ではないということだ。ヒロシマとフクシマのあいだのこの違いはどのようにして生み出されたのだろうか？　どのようにして原発推進勢力は、被爆国民に原発を受け入れさせたのだろうか？　「フクシマ以後」を考えるにあたっては、一度それを丁寧にみておく必要があるように思う。それはヒロシマ以後の戦後史だけでなく、近代そのものを問い直すことになるはずだが、いまは準備がない。本稿ではヒロシマと戦後の出発点の関連をみたうえで、五〇年代、原発導入時期の言説を中心に粗いスケッチを描くにとどめる。

1、誓フ、科学精進

「未曾有の国難」、「総動員体制」、「疎開」……。3・11以後こんな言葉が飛び交った。アジア太平洋戦争末期、まさに「国難」状況で流布された言葉である。「国難」となれば天皇が登場する。今回の天皇夫妻の被災地慰問は、昭和天皇の戦後巡幸に重ねあわされた。「戦のわざわひうけし国民を おもふ心にいでたちて来ぬ」という昭和天皇の「御製」に通じるという記事もあった（富岡幸一郎「天皇「被災地巡幸」の御心」『週刊ポスト』五月一三日号）。

わたしも昭和天皇を思い浮かべた。しかしそれは戦後巡幸ではない。敗戦直後の一九四五年九月九日、疎開先の皇太子（現天皇）に出した手紙である。そこには敗因についてホンネが書かれている。

「今度のやうな決心をしなければならない事情を早く話せばよかつたけれど　先生とあまりにちがつたことをいふことになるのでひかえて居つたことをゆるしてくれ

敗因について一言いはしてくれ
我が国人があまりに皇国を信じ過ぎて　英米をあなどつたことである
我が軍人は　精神に重きをおきすぎて　科学を忘れたことである」

近代日本は「和魂洋才」を言ったが、この発言は「和魂」否定ともとれる。「科学を忘れた」が、原爆を念頭に置いているのはいうまでもない。8・15の「玉音放送」には「敵ハ新ニ残虐ナル爆弾ヲ使用シテ頻ニ無辜ヲ殺傷シ」とあるが、「玉音」のあと放送された内閣告諭では「遂に科学史上未曾有の破壊力を有する新爆弾の用ひらるるに至りて戦争の仕法を一変せしめ」と原爆の「科学史上」の意義を強調している。『朝日新聞』ではこの部分は活字が大きくなっている。

それを受けてのことだろう。八月一五日の庶民の日記には「科学」に言及したものが多い。例えば、軍需工場で働いていた箕輪正三（二六歳）の日記には、「一個の原子爆弾がこの戦争に決を与へたのだ、敵の科学技術力に破れたのだ。噫々遂に我等敗る」とある（『昭和二十年夏の日記』博文館新社　一九八五年）。当時医学生だった作家山田風太郎の『戦中派不戦日記』（講談社　一九七三年）では、8・15当日は『帝国ツイニ敵ニ屈ス』とのみ、翌一六日にほとばしるような筆致で長文を書いているが、その中にこんな文章がある。「……日本は再び富国強兵の国家にならなければならない。（略）苦い過去の追及の中に路が開ける。先ず最大の敗因は科学であり、さらに科学教育の不手際であったことを知る」。

女学校三年の軍国少女の日記はもっとすさまじい。「有史以来の残虐なる武器、原子爆弾の使用は、遂に、戦争の終結を見るに到った。我は完全に科学戦に於て破れたのだ。さうだ、科学戦に於て、日本を、更生再興させるものは、科学の力だ。之からは、国民の誰も彼もが、科学に重きを置き、科学の力を養って行かねばならぬ」。そして最後に「誓フ科学精進　八月十五日」と血書されている（栃折妍子「誓フ科学精進」『銃後史ノート』通巻九号）。

もちろん敗戦の衝撃による一過性のものもあるだろうが、永遠に続くかと思われた戦争を終わらせた原爆は、多くの国民の胸に科学の威力を刻みこんだといえるだろう。とりわけ竹槍と神風で必勝を信じさせられていた若い世代にとってはそうである。それはアメリカの威力でもあった。戦後日本は「洋才」による「更生再興」を目指して出発する。フクシマ以前の「科学技術大国ニッポン」はここに始まる。

2、被爆国だからこそ

しかし敗戦国日本に原爆は許されない。占領政策により原爆は研究も報道も禁じられ[1]、「平和と民主主義」がアピールされた。しかし外では米ソ冷戦が激化、一九四九年、ソ連が原爆を開発し、とめどない核開発競争がはじまる。五三年一二月、アイゼンハワー米大統領が「原子力の平和利用 Atoms for Peace」をうちだしたのは、水爆開発などでアメリカを凌駕する勢いを見せるソ連を牽制するとともに、核燃料と技術を提供することで西側同盟諸国を支配下におくためだった。

ここで原子力はジキルとハイドのように二面性を持つことになる。戦争のための原爆という〈悪〉と平和のための原子力利用という〈善〉。「平和」を国是とする日本にとって、原爆の威力が「平和」という〈善〉に結びついた意義は大きい。原子力研究解禁は五二年の独立以後だが、それ以前から動きは始まっていた。元主計中尉・中曽根康弘は四七年政界に入ったが、五一年に日本を訪れたダレス特使に原子力研究の自由を認めるよう文書で依頼した。アイゼンハワーの「平和利用」演説後の五四年春には、第一九国会でいきなり「原子炉製造補助費」二億三五〇〇万の予算案を提出し、原子力開発を国策として起動させる。それについて中曽根は、つい最近、『朝日新聞』のインタビューで、「そこは先見性だ。エネルギーと科学技術がないと、日本は農業しかない四等国家になる」と胸を張っている（「原子力と日本人」『朝日新聞』二〇一一年四月二六日）。

戦中から研究をすすめていた学界でも、独立後、原子力開発の動きが急浮上する。そこで問題になったのがヒロシマとの関係である。五二年一〇月、第一三回日本学術会議で茅誠司・伏見康治による原子力委員会設置の提案が出された。それに対して広島大学の理論物理学者三村剛昂は、自らの被爆体験に基づいて反対した。

「ただ普通に考えると、二十万人の人が死んだ、量的に大きかったかと思うが、量ではなしに質が非常に違うのであります。しかも原子力の研究は、（略）さっきも伏見会員が発電々々と盛んに言われましたが、相当発電するものがありますと一夜にしてそれが原爆に化するのであります。（略）原爆の惨害を世界に知らせる。実情をそのまままつたえる。それこそが日本の持つ有力な武器である。」（『日本学術会議25年史』一九七四年）

一方、原子物理学の武谷三男（立教大）は被爆体験ゆえの「平和利用」を主張した。「日本人は原子爆弾を自分の身に受けた世界唯一の被害者であるから、少なくとも原子力に関する限り、もっとも強力な発言の資格がある。原爆で殺された人々の霊のためにも、日本人の手で原子力の研究を進め、しかも人を殺す原子力研究は一切日本人の手では絶対行わない。そして平和的な原子力の研究は、日本人がこれを行う権利を持っており、そのためには諸外国はあらゆる援助をなす義務がある」（『改造』一九五二年一一月号）

被爆国にもかかわらず、ではなく、被爆国だからこそその原子力利用だというのだ。この文章は彼の持論「平和・公開・民主」につながるものだが、広島ではこの部分だけが一人歩きする。武谷の言うように、もっとも原子力の被害を受けた国がもっとも恩恵を受けるべきだとすれば、直接被害を受けた広島こそいちばんに権利がある。五五年一月二七日、アメリカのイェーツ下院議員は、広島に原子力発電所を建設するための予算二二五〇万ドルを下院に提案した。前年九月、アメリカを訪問した浜井信三広島市長が働きかけた結果である。浜井はその理由として、「原子力の最初の犠牲都市に原子力の平和利用が行なわれることは、亡き犠牲者への慰霊にもなる。死のための原子力が生のために利用されることに市民は賛成すると思う」と述べている（『中国新聞』五五年一月二九日）。原爆という悪は、平和利用という善によって償えるというのだ。

浜井は原子力発電所をアメリカの「善意の贈り物」としている。しかし前年三月、ビキニ環礁におけるアメリカの水爆実験でマグロ漁船第五福竜丸が死の灰を浴びたことから原水爆禁止の署名運動が起り、この時期は署名二二〇〇万という「国民的」盛り上がりをみせていた。これをうけて五五年一月一六日、原水爆禁止世界会議を八月六日に広島で開催することが決まっている。イェーツ下院議員による提案はその二週間後である。「善意」とだけは考えにくい。原水禁広島協議会（事務局長、広島大学教授森瀧市郎）はただちに声明を出し、原子炉が原爆製造に転用される恐れがあること、放射能の人体への影響などをあげて反対した。

『中国新聞』は二月七、八日連続で、「是か非か　広島に原子力発電所」として浜井・森瀧を含む五人の座談会を掲載している。唯一の女性・迫千代子（婦人新聞記者）は「母性につながる女性の立場としては、ことに子孫への遺伝の問題などは本能的に関心が持たれる」と否定し、渡辺鼎広大文学部長も、「まだ世界の平和への切替えが完全にできていない現在、原子力発電所を持ったら広島がいつまた有力な〝軍都〟にならんとも限らない」と反対している。放射能処理の困難さも指摘されており、紙面の見出しは「現状では時期尚早」。

それがこの時期の『中国新聞』の姿勢だったのだろう。一月三日の紙面では、「原子利用の二つの国訪問記」として「平和利用」自体に二つの未来図を描いていた。一つは原子力の廃棄物処理にも成功し、「人々は平等に〝この世の天国〟を味わ」い、「家庭では炊事も洗濯もスイッチひとつ、室内の冷暖房も意のまま」という「幸福の国」。もうひとつは便利な生活は獲得したが、国民が放射能におかされている「悲劇の国」である。原子力発電を急ぎすぎた結果、「放射能をふんだんにふくんだ空気は高い煙突から空中にまき、冷却用に使った放射能水は配管で海中に捨てていた。ところがここ数年原子力関係従業員だけでなく、国民全体がだんだん疲れやすく元気がなくなり、ほとんどが白血球減少症になっていた」というのだ。「平和利用」そのものがはらむ危険性をわかりやすいＳＦ仕立てで指摘していたわけだ。

四月の市長選で、推進の中心であった浜井市長は落選する。広島市民には「広島原発」

というアメリカの「贈り物」に拒否反応があったのかもしれない。

3、原子力平和利用博覧会とメディア

一九五五年という年は日本の平和運動史にとって画期的な年である。先述のように原水禁運動の高まりをうけ、被爆一〇周年の八月六日に広島で原水爆禁止世界大会が開かれたが、これにはアメリカ、オーストラリア、中国など一一ヵ国五〇人の代表を含め五〇〇〇人が参加した。それを契機に原水爆禁止日本協議会（原水協）が発足し、後に分裂するとはいえ日本の反核運動の中心になる。被爆者にとってもこの年は画期的な意味を持った。広島では一九四五年からの一〇年は「空白の一〇年」と言われ、被爆者たちは何の支援もないまま原爆後遺症と貧困と差別の中に放置されていた。世界大会を機にようやく連帯と援護の動きが出て、翌年八月に日本原水爆被害者団体協議会（日本被団協）が結成される。日本の女性平和運動の中心・母親大会も、五五年に第一回大会が開催されている。当時の資料を見ると、一九五五年の日本は平和づけの感がある。

しかしその中で「原子力の平和利用」も大きく動き出している。「広島原発」は幻に終わったが、イェーツ議員が「広島原発」を提案した同じ一月末、アメリカ政府は秘密裏に日本

政府に濃縮ウラン提供を申し入れ、「公開・民主・自主」の原子力三原則に反すると懸念を示す日本学術会議をよそに、一一月正式調印される。一二月、原子力三法（原子力基本法・原子力委員会設置法・原子力局設置法）成立。五六年一月、原子力委員会発足。

あとはどうやって原水禁運動で盛り上がる被爆国民を納得させるかである。メディアの「平和利用」推進の動きが強まる。中心は『読売新聞』である。社主正力松太郎は五四年の訪米以来原子力利用に熱意をもち、五五年二月に国政に乗り出して以後はアメリカからJ・ホプキンス等による原子力平和使節団を招く一方、一一月、第三次鳩山内閣で原子力担当国務大臣に就任、さらに五六年一月には新設された原子力委員会の初代委員長に就任した。同時にメディアを駆使して国民への浸透をはかる。

五六年元旦の『読売新聞』は座談会「原子力平和利用の夢」を大きく掲載している。出席者は中曽根康弘・嵯峨根遼吉（理学博士）・作家の森田たま、それに正力である。そこで正力が「日本人は広島とか長崎の原爆で恐怖の念がある。人によってはビクビクしている。研究は専門家がやってくれるからぼくは国民の啓発が大事だと思って、読売新聞をあげて啓発にかかった」と語っているように、『読売新聞』五五年一月から五月中旬までだけで二八回の関連記事がある。月平均五回である。五月一一日と一三日には「原子力平和利用講演会」の記事があるが、これは読売新聞主催で日本工業倶楽部と日比谷公会堂で開催され、両方とも傘下の日本テレビで中継している。メディア・ミックスである。

さらに五五年一一月から一二月にかけての六週間、東京・日比谷で原子力平和利用博覧会を開催した。九月一日の「社告」に、「この博覧会の内容はアイゼンハウァー大統領の平和利用計画の一つとして、人々に如何にわかりやすく原子力の効用を理解させるか、というのでアメリカの知能を集めて設計され」とあるように、実際はアメリカのプロパガンダの一環、費用はすべてアメリカ持ちだった。(井川充雄「原子力平和利用博覧会と新聞社」(『戦後日本のメディアイベント一九四五―一九六〇』世界思想社　二〇〇二年)。一二月二日の『読売新聞』は、参観者の反応を「八割が最大の賛辞」の見出しのもとにつたえている。載せられた声には「原子力の平和利用が、これまでばくぜんと想像していた以上に人類の幸福に役立つものだということが、この展覧会を見てよくのみこめた」、「この原子力博を見ることによって原子力にたいする不安感が減り、日本でも原子力の平和利用を積極的に進めてもらいたいという気持ちが強くなった」とある。

博覧会はその後、二年近くをかけて名古屋・大阪・広島・福岡など全国十ヵ所を巡回し、合計二六〇万人あまりの観客を動員した。広島では、五六年五月二七日から六月一七日まで開かれ、一〇万九五〇〇人が参観したという。他の開催地では地元新聞社の主催だったが、広島では中国新聞社だけでなく、県・市・広島大学・アメリカ文化センターの共催となった。

被爆都市であるだけに、反米感情の高まりや左翼の跳梁を恐れ、官・学・マスコミ総がかりの全県体制をとったのだ。

しかも会場は、前年被爆一〇周年を期して開館した原爆資料館である。展示中の原爆の悲惨さをつたえる資料をすべて撤去し、かわりに原子力船の模型やマジック・ハンドなど原子力平和利用の輝かしい成果を展示した。被爆者たちは当然これに反発した。被爆者連絡協議会事務局長森瀧市郎はアメリカ文化センターを訪ね、フツイ館長に抗議した。しかし館長はかえって開き直り、「私は「平和利用!」「平和利用!」「平和利用!」で広島を塗りつぶしてみせます」と豪語したという（森瀧市郎『核絶対否定への歩み』渓水社　一九九四年）。

これには広島市の姿勢もかかわっているだろう。五五年四月、浜井に代わって広島市長の座についた渡辺忠雄は、七月の臨時市議会で、「原子炉導入については世界の科学的水準が高い国々ではすべて原子炉の平和利用の試験が行われ、実用化の段階に入っているので、日本だけ、広島市だけが原子力の平和利用に狭量であってはならない。適当な時期に受け入れる気持ちである」と述べている。渡辺は広島復興のビジョンを、前任浜井の平和記念都市一辺倒から産業都市建設型にシフトしたといわれる。市の施設である原爆資料館の「平和利用博覧会」展示はその流れに沿うものだったろう。

共催の『中国新聞』は当然「平和利用万歳」の論調で博覧会を盛り上げる。初日の五月二七日は、博覧会をアピールする座談会とともに「「破壊」から「建設」へ　人類の幸福の実現近し」の見出しのもとに広島県議会議長林与一郎、富士製鉄社長永野重雄のメッセージを載せている。永野はのちに日本商工会議所会頭もつとめた財界の大物である。その永野が武谷・浜井同様、被爆都市なるが故の「平和利用」の権利を述べている。

「広島は、東京、大阪に先立って開催する権利すらあったと思う。それは、人類を乗り越えた恐るべき武器、原子爆弾を広島市民が最初に浴びたからである。この原子力が今日、平和的に利用され、人類の生活向上に寄与するようになりつつあることは嬉しいことだ」。

博覧会終了後、六月一八日の「社説」は、被爆都市広島の市民感情は他都市とは違うが、市民の関心は高く、「平和利用について理解と認識を得ようという一般の強い意志が示された」という。そして被爆体験ゆえに、原子力利用という「世界的な事実から目をおおうような場合には、わが国は世界の進歩から遠く取り残されてしまうであろう」と渡辺市長同様の発言をしている。「バスに乗り遅れるな」である。

アメリカのＵＳＩＳ（United States Information Service）は、大金を投じて実施した博覧会の成果を検証している。その報告書によれば、広島開催は「左翼の反対にもかかわらず、予期した以上の成功をおさめた」。その理由としては「地元の有力者たち」の支持をあげ、「平和利用」という「ポジティブ・アプローチ」は「有力者の獲得に成果をあげられることを証明した」という。しかし参観者一〇万九五〇〇人は開催地一〇ヵ所のうち最低である。東京三六万七〇〇〇は別格としても、札幌二一万五〇〇〇、仙台一七万三〇〇〇、水戸一二万七〇〇〇にとおく及ばない。全県体制で取り組んでこの数字というのは、「平和利用」に対する広島市民のクールな姿勢を示しているのか。それともこの段階では、生活苦で博覧会どころではないということか。

この二年後、五八年四月一日から五〇日間、広島市主催で開催された広島復興大博覧会には九二万の市民が訪れた。経済白書が「もはや戦後ではない」と謳ったのは神武景気の五六年だったが、少し遅れて被爆地広島でもようやく余裕が出て来たのかもしれない。博覧会では再び原爆資料館を会場に、原子力平和利用の成果が展示された。『広島復興大博覧会誌』には次のように書かれている。「近い将来実現可能な原子力飛行機、原子力船、原子力列車などの想像模型が並べられている。人類の多年の夢が、今や現実のものとなってくるかと思えば本当に嬉しい限りだ。原子力の平和利用は、世界各国が競うて開発しているところであるが、ここには各国最新の情勢が写真でもって一堂に集められている。今や日進月歩の発展を遂げつつある世界の原子力科学の水準に一足でも遅れないようにわが国も努力をつづける必要があると痛感させられる」。

4、原水禁運動と「平和利用」

五六年、原子力平和利用博覧会を共催して「平和利用」に積極姿勢をみせた広島市では、原水爆禁止運動の盛り上がりを受けて、八月六日、広島市長が読み上げる「平和宣言」に前年にはなかった原水爆禁止運動への言及が入った。それと同時に、長崎で開かれた第二回原水爆禁止世界大会では「平和利用」分科会が設けられた。しかしそこでは「平和利用」を前提に、大資本のためではなく民衆の生活を潤し労働を軽減するものであるべきだといった議論が交わされた。当時平和運動家の間には、社会主義ソ連は平和勢力という幻想が定着していた。そして原発を五四年に最初に開発したのはソ連だったのだ。

被爆者たちも支持を表明する。このとき結成された日本被団協の宣言には「平和利用」への願いが書かれている。「私たちは今日ここに声を合わせて高らかに全世界に訴えます。人類は私たちの犠牲と苦難をまたふたたび繰り返してはなりません。破滅と死滅の方向に行くおそれのある原子力を決定的に人類の幸福と繁栄の方向に向かわせるということこそが、私たちの生きる限りの唯一の願いであります」。

草案を書いたのは森瀧市郎だった。これについてのちに原発も含め核絶対否定の立場に立った森瀧は、「原子力の「軍事利用」すなわち原爆で、あれだけ悲惨な体験をした私たち広島、長崎の被爆生存者さえも、あれほど恐るべき力が、もし平和的に利用されるとしたら、どんなにすばらしい未来が開かれることだろうかと、いまから思えば穴にはいりたいほど恥ずかしい空想を抱いていたのである」と書いている（森瀧前出）。

5、夢の電化生活――女性への浸透

もう一つ、「平和利用」には障害があった。女性である。原水禁運動を起動させ、署名運動を担ったのは女性たちだった。集められた署名は最終的に三二〇〇万。広島では一〇〇万の署名が集められたが、その八割までは女性団体の力だった。こうした女性たちに原子力を受け入れさせるにはどうすればいいか？　読売新聞では、社をあげて女性対策に乗り出す。先に引いた五六年元旦の座談会「原子力平和利用の夢」では、ただ一人の女性森田たまが女性の原子力への無知を嘆いてみせる。

「女の人、とくに若い女性は原子力がよくわからないので放射能のことばかり心配するんですよ。いかに平和産業に使っても放射能がとれないのだから進歩に役立たないというような考えをしている人が多い。だから日本に原子力を持ってくるのは反対だというような……」

これに対して理学博士嵯峨根遼吉は、「私は大学に二〇年もおりますが、カリフォルニアでも放射能の激しいところで働いていた。いまの厚生省なら嵯峨根さんは入ってはいけないというようなところに入っていたのです。しかし（略）寿命が縮まったとは考えない。この程度なら心配することはない」と、3・11以後さんざん聞かされたような発言をしている。（略）中曽根康弘は言う。「明治のころ、私のおじいさんなんかは電気はキリシタンバテレンとか、エレキとかいって、電線の下は扇子をかざして通った。ところが今になってみれば十八、九のお嬢さんはパーマネントが緑の黒髪の奥まで入っていて、こわいものと思っていない。原子力ももう十年もすればパーマネントと同じぐらいの大衆性を持ってる。こわがるのはバカですよ（笑声）」

原子力を恐れるのは因循姑息なバカ者というわけだ。そして「平和利用」のすばらしさを強調する。女性に対するポイントは〈美容〉と〈家事の省力化〉である。『週刊読売』五六年八月六日号には「原子力は美人もつくる　アイソトープでアザをとる方法」という記事が載っている。アイソトープによるアザとりは、広島の平和利用博覧会でも呼び物になっていた。ちょうどこの時期は「原爆乙女」の訪米治療、つまり顔に被爆によるケロイドがある未婚女性をアメリカに招いて整形手術をほどこすことが大きな話題になっていた。浜井市長による広島への原発誘致の挫折と入れ替わりのように、アメリカの「善意の贈り物」

として実施されたが、「平和利用」でアイソトープが実用化されればわざわざアメリカに行かなくてもすむ、ということにもなる。

主婦たちに対しては、電化生活による家事の省力化である。「家庭生活にも夢をはこぶ原子力の平和利用　家事も自動化へ　安い電気使ってすべてを電化器で」。五六年八月六日、一一周年目の原爆の日にあたって、『読売新聞』婦人欄にはこんな見出しが踊っている。「安い電気がふんだんに使える。それに伴ってつくられる電化器によって、朝目をさますと自動的に朝食の用意ができ上がっていることぐらいはそれこそ朝飯前、主婦の仕事が軽減される家庭の自動化は、どこまで進むかちょっと想像もつかないほどだ」。

家電業界が「電化元年」を謳って家庭電化製品の売り込みを本格化したのは五三年だった。テレビ放映もこの年に始まる。しかし電気がなければ夢の電化生活は成り立たない。電源開発五ヵ年計画が開始され、主婦たちも一ヵ月一人一〇円の「電源開発愛国貯金運動」などで協力した。そのリーダーである婦人会長は書いている。

「生活がおいおい落着いてくるにつけ、私たちが夢にまで見るように欲しいのは、電気洗濯機や電気冷蔵庫です。こんな機械が私たちの家庭にあったら、私たちの労働と時間は大いに節約され、教養や娯楽によってどんなに楽しい充実した日々を送れることでしょうか。けれども、それにはまず、私たちの国が富まなければなりません。せっかく電気洗濯機がデンとおかれても、毎日毎日停電の現状では、電気洗濯機が泣き出すでしょう」（川崎市婦人団体連絡協議会会長薄井こと「一ヵ月一人十円が積もり積もって　電源開発の愛国貯金七百万円」『主婦之友』五三年一一月号）

このときの電源開発は水力発電だった。しかし水力は限界がある。石油も石炭もやがて枯渇する。それに対してウラニウムの連鎖反応による原子力発電は無尽蔵、かつ安価だと言うのだ。こんないい話はないと主婦たちが思うのも無理はない。

しかも推進者は、利権がらみの男たちだけではなかった。当時世界の女性平和運動のリーダーだった国際民主婦人連盟会長ウージェニー・コットンも、五五年二月、世界母親大会開催の呼びかけのなかで「原子力の平和利用」を訴えている。「私たちは、原子力の平和利用を発展させることを、全力をあげて応援します。（略）原子エネルギーは石炭とちがって運びやすく、軽くて、ウラニウム一キロが石炭三〇〇〇トンの熱量を与え、人類のためにどんなに役立つものであるかを知っています。それがあれば、後進国は産業施設を備えて、経済的従属と欠乏から解放されるのです。また、人類全体の物質的困難を、かなり緩和できるのです。とくに、母親の毎日の仕事はとても楽になるはずです」（『母の愛にうったえる――世界母親大会準備会報告集』）

ウージェニー・コットンは物理学者マリー・キューリーの愛弟子だが、戦時中は反ナチ抵抗運動で二度も逮捕されたという。そして世界母親大会は、日本の女性による原水禁運動をふまえ、平塚らいてうが「全世界の婦人に当てた日本婦人の訴え――原水爆の製造・実験・使用禁止のために」というアピールを発したことから開かれることになったのだ。いまにつづく日本母親大会の第一回はこの世界大会への代表選考をかねて開かれたが、五六年の第二回から「生命を生み出す母親は、生命を守り、生命を育てることを願います」をスローガンに掲げる。ギリシャの女性詩人ペリディスの詩の一節である。「原水爆反対」と「原子力の平和利用」は女性平和運動においても両立しえたのだ。

こうなればもはや「原子力の平和利用」を妨げる勢力はどこにもない。五七年八月二七日、茨城県東海村の原子力研究所で初めてウラン235が臨界に達した。「原子の火ともる」とメディアは一斉に報じた。『朝日新聞』「天声人語」は、「これで日本も遅ればせながら、原子力の平和利用時代に第一歩を踏み入れることになる。原子力の夜明けは不幸にも原爆のピカドンによって初めて告げられた。その残虐な洗礼を人類として最初に受けたのは日本人だった。その日本にも、〝米国製〟の原子炉ながら〝第二の火〟が〝平和の灯〟としてともるのである」と書いている。

おわりに

原発導入期の資料を見直してみると、アメリカも含め推進者たちがいかにヒロシマを気にしていたかよくわかる。被爆体験を無視してただ「平和利用」をいうことはできなかった。とくに五四年の第五福竜丸事件により、原水禁運動が国民的スケールで盛り上がって以後はそうである。フクシマ以後聞かれた「被爆国がなぜ原発を?」という海外からの疑問は根拠があったのだ。

そのとき持ち出されたのが、原爆被害を受けたからこそ利益を受けるべきだという代償の論理である。これは原爆の悪への認識を示すと同時に「平和利用」の価値を高めるという一石二鳥の効果を持つ。あれほどの悲惨を償えるとすれば、「平和利用」とはとてつもなくすばらしいもの、ということになるからだ。

それに疑いを持つものは、理性的判断ができない愚か者、進歩・発展にさからう因循姑息のやからとして嘲笑される。読売の座談会での中曽根康弘発言、「こわがるのはバカですよ(笑声)」である。これに逆らうのは難しい。科学的思考・合理的判断という近代的〈知〉が価値あるものとして社会を律している状況ではなおさらである。

しかも戦前の「軍事大国」は否定されたが、大国として再興への願いけ焦土の国民に共有されていた。そこに降ってわいたのが「朝鮮特需」である。日本の植民地支配の結果南北に分断された朝鮮半島での米ソ代理戦争は、人びとには「復興」の文脈でだけ受け止められた。そこで流された朝鮮の人びとの血は見えなかった。朝鮮戦争によるカネへん景気とも知らず、小学生のわたしはせっせとクズ鉄拾いをしたものだ。

五五年に始まる高度経済成長は朝鮮特需による復興を基盤とするが、五六年『経済白書』が謳った「もはや戦後ではない」は、過去の戦争被害の払拭だけでなく未来への発展の方向性を打ち出したものでもあった。「今後の成長は近代化によって支えられる。それは経済成長率の闘い、生産性向上のせり合いである。（略）世界の技術革新の波に乗って新しい国造りに出発しなければならない」。生産性、効率、技術革新。これらはまさに〈近代〉の価値である。「原子力の平和利用」はその輝ける最先端の申し子だった。

その〈近代〉に異議を申し立てたのは六〇年代末の全共闘運動であり、それに接続して生起したウーマン・リブ運動である。田中美津の『いのちの女たちへ』のサブタイトルが「取り乱しウーマン・リブ論」であるように、リブは科学的思考、合理的判断といった近代の〈知〉自体に疑問を突きつけた。それによってつねに女は感情的、非論理的とおとしめられてきたからだ。

わたしの原発否定は被爆者だからというよりは、こうしたリブへの共感あってのものかもしれない。ヒロシマで父を喪い家を焼かれ、四国の田舎町で育ったわたしには、ここでみたような「平和利用」への動きは伝わっていない。新聞に出ていたのかもしれないが、幼すぎて理解できなかったろう。原爆被害の当事者である日本被団協すら「平和利用」に夢をかけたのだ。いや原爆被害に苦しむからこそ、というべきかもしれない。もし五〇年代にここで取り上げた言説に接していれば、わたしも巻き込まれていたに違いない。二〇世紀半ば、人類は国境を越え体制の違いをこえ、階級やジェンダーの違いもこえて〈近代〉の輝ける成果である「原子力」に未来への夢を見たのかもしれない。

しかしそれは短い夢だった。わたしが原発を知ったのは七〇年代半ばだと思うが、そのときはもう日本各地で原発反対運動が起っていた。運動の最前線には女性たちがいた。中でもいま世界最大規模の新潟県柏崎刈羽原発の建設反対では、女性たちは果敢なたたかいを展開した。九〇年代半ばにそうした女性たちを訪ねたことがある。なぜ反対運動に参加したのかを問うわたしに、彼女たちの一人は、「原子の火ともる」のニュースに「日本に危険の火がともったと思いましたよ」とこたえた。広島・長崎を思い浮かべ、人間が生きて行く上で決していいものではないと直感したという（本書一三二ページ「反原発運動と女性」参照）。被爆から三〇年後の当時、遠く離れた新潟の寒村の農民女性の胸に、ヒロシマは素朴な原発反対の火をともしつづけていたのだ。

それは新潟だけではなかったろう。ヒロシマは各地の原発反対運動の火種として生きていたのではないだろうか。しかしそれはやがてふんだんのカネと専門家による「安全神話」のなかに埋もれてゆく。いまフクシマによって再びヒロシマが語られているが、脱原発の火種として再燃させることができるだろうか。

注

（1）九一ページにあるように、その後占領下において原爆報道は大量にあることがわかったが、初出のままにしておく。

参考文献

柴原あづみ「原子力平和利用の意図したもの」『銃後史ノート戦後篇3　55年体制と女たち』一九八七年

福嶋広美「原子力の「平和利用」は未来を拓く?」『同4　もはや戦後ではない』一九八八年

吉岡斉『原子力の社会史』朝日選書　一九九九年

（『インパクション』一八一号　二〇一一年六月）

原爆・原発・天皇制

八月六日、ヒロシマで

一九四五年八月六日、わたしは爆心から一・九キロ、広島市二葉の里で被爆しました。五歳になったばかりで断片的な記憶しかありませんが、最近は自分の被爆体験を積極的に語るようにしています。断片的なものであれ、わたしは被爆体験をナマで語れる最後の世代なんだと気がついたからです。

そのときわたしは室内でいたので無事だったのですが、その一〇分前までは、友だちのカッチャンと近所の鶴羽根神社で遊んでいました。理由は覚えていませんが、このときカッチャンとケンカしてしまったんですね。それで私は女学校一年生のミチコチャンの家に行ったのです。ミチコチャンは勤労動員でいなかったのですが、お母さんが家の中に入れてくれました。ミチコちゃんの家には築山がある庭があって、その向こうが波板のトタンの塀でした。ピカッと光った途端、それがこちらに向かってわーっと倒れて来た。そこまでは記憶があるんですが、その後何がどうなったのか、さっぱりわかりません。でもミチコチャンのお母さんが倒れた家具や障子の間から助け出してくれて、崩壊した自宅からはい出した母と出会うことができました。

しかしカッチャンはわたしと別れた後もそのまま神社にいて被爆し、大ヤケドをして数日後に亡くなってしまいました。ヒロシマの写真集の中に焼けただれた子どもの写真を見つけたとき、「あっ、カッチャン」と思ってしまいました。被爆数日後にカッチャンの家に行ったら、顔も手足も焼けただれた姿で寝ていました。その姿を見て、わたしはもう怖くて、すっ飛んで逃げたんです。その後しばらくして死んだという話を聞きました。あのときカッチャンとケンカせずにそのまま遊んでいたら、わたしも同じような姿になって、生きてはいなかったんだなあと時々思います。

ミチコちゃんも亡くなりました。ミチコちゃんは爆心から八〇〇メートルくらいのところで、建物疎開のあと片づけに動員されていて被爆をしています。広島市立高女の一年生でしたが、ほぼ全滅と言っていい状況でした。でもミチコちゃんは自分で歩いて帰って来たんです。避難所になっていた鶴羽根神社に、近所の人たちが集まって、呆然として「いったい何事が起こったのか？」と言いあっている時でした。「おかあちゃん！」という声が聞こえて、小母ちゃんにすがりついてきた子がいたんです。それがミチコちゃんだったのですが、その顔を見たとき、申し訳ないけれどわたしは「ジャガイモ！」と思ってしまった。顔がジャガイモみたいにボコボコで、ところどころ皮がこすれてむけている。声がなければとてもミチコちゃんとは思えない。それでもちゃんと自分で歩いて帰って来たのです。でも次の日かその次の日かに亡くなりました。明け方、母に連れられてミチコちゃんの家に行ったら、ちょうど息を引き取るところでした。その時はもうジャガイモどころではなくて、ドッチボールでした。顔がパンパンに膨れ上がって、眼も鼻も口もないこげ茶色のボールみたいな顔になって死んでいきました。

わたしの父は、勤め先が爆心地から五〇〇メートルだったので、朝出勤する後ろ姿のまま、消えてしまった。父のデスクのあたりに散らばっていた骨を、母が拾ってお墓に入れましたが、ほんとうに父の骨かどうかはわかりません。

家は通りひとつ隔てて焼けなかったので、壊れてひどい状況でしたが、何とかそこで二週間くらい暮らしていました。しかし食事を作ることはできません。岡山のほうから、軍がトラックで救援のおにぎりを運んできて、焼け跡にトラックを停めて被災者に配りました。ひしゃげたお鍋を持って、それを取りに行くのはわたしの役目でした。その道中には、黒焦げ死体が累々と転がっていました。炭のようになった死体があっちにもこっちにもあるけれど、もう、ぜんぜん怖くもなんともない。ただ、首のない死体はこわかった。首のあるはずのところがノッペラボーの死体というのは怖いんですね。それで、わっと目を背けたら、またそっちにも同じような死体がある。

原爆被害の諸相

原爆の破壊力には、①熱線、②爆風、③放射能の三つがあります。ヒロシマの場合、島病院の上空、六〇〇メートルのところで原爆が爆発しました。いまの原爆ドームはそのすぐそばです。爆発時の地表温度は四〇〇〇度から五〇〇〇度といいます。皆さんもご覧になったことがあると思うんですが、石段にこびりついた人の影とか、グニャグニャになっているガラスの瓶とか、それは熱線によるものです。その次に爆風がきます。秒速二〇〇メートルから三〇〇メートルというすさまじいもの。秒速三〇メートルの台風だって大変ですから、いかにすさまじい爆風であったかということです。そして、原爆被害の特徴として大きいのは、もちろん放射能です。

放射能の被害には、急性のものと後障害といわれるものとの二種類があります。急性のものではまず脱毛です。私の場合は屋内で被爆したせいか、髪は抜けなかったと思うんですが、訪ねてきた女性が髪をちょっとひっぱったらバサッと抜けるのを見ました。そのあとすぐ亡くなりました。それから内臓がぼろぼろになって溶解してしまう。私がカッチャンと遊んでいた鶴羽根神社の宮司の息子さんは、爆心地へ仕事に行っていました。帰って来た時は、何の被害も受けていないように元気だったので「よかったねぇ、よかったねぇ」と言っていたら、一週間から一〇日後くらいして、ものすごく苦しんで死んでいきました。母の話では、苦しくてもう寝てることさえできない。じっとしていることができず、家中を走り回って真っ黒の血を吐いて死んだそうです。内臓が溶けてどろどろの真っ黒の血になって、上から下から出て、苦しみぬいて死んでいくのです。

これが急性ですが、それらを何とか乗り越えて「やれやれ生き延びた」と言っているところに出てくるのが後障害です。ケロイドの障害は半年から一年ぐらいして出てきます。それから七年目の白血病、一〇年目のガンと言われています。七年もたって、ようやく復興に向けて元気をだして歩みだそうという時に白血病が現れる。広島平和公園に折鶴をかかげて立つ「原爆の子」の像のモデルとなった佐々木禎子が亡くなったのが一九五五年ですが、彼女は二歳で被爆してずっと元気だったのに、九年たって白血病が出たのです。

一〇年目くらいからガンが多発しました。こういうふうに、いまは元気でもいつ白血病や癌になるかわからないとなれば、つねに恐怖を抱えて生きてゆくことになります。自分の将来について考えられなくなってしまいます。フクシマでもそういうことが今後出てくる可能性があります。

原爆の被害については、瞬間性・無差別性・根絶性・全面性・持続拡大性ということが言われています。無差別性というのは、爆心への距離とか屋内にいたか外にいたかなどでちがいはありますが、老いも若きも、男も女も、金持ちも貧乏人も「平等」に殺すという、そういう兵器であるということです。全面性というのは、肉体も精神も生活も人間関係も、一人の人間を取りまく全てに対して被害を与えるということです。

被爆のジェンダー問題

私は三、四年前、ヒロシマで被爆者の聞き取りをしました。そこで感じたのは原爆被害にはジェンダーの問題があるということです。いま言ったように、原爆は無差別的に男性も女性も同じように被害を与える。でもやはりそこには、男性と女性で差異があるということをあらためて思いました。

阿部静子さんという方がいらっしゃいます。語り部として頑張っていらっしゃって、ことしの八月六日にもお話を伺いました。彼女は一九歳で結婚して、当時お連れ合いは戦地に行っていました。当日は勤労動員で、屋根の瓦を運ぶ作業をしていて、屋根の上で被爆しました。右からパーッと光を受けて右手で庇ったため、右手と右半身が、顔も含めて焼かれています。十八回整形手術をしたそうですが、右手はケロイドになっています。原爆のケロイドというのは普通のやけどではありません。普通のやけどなら、最初ジュクジュクしても、治療して時間が経てば乾いてカサブタができます。カサブタが取れれば跡が残るにしろ、機能は回復するわけですね。しかし原爆のケロイドはそうではありません。皮膚の深部まで放射能に侵されていますので、カサブタが取れてもまた再発する。若いお嫁さんが、右手が使えないというのはどんなに辛いことか。箒は持てないし料理もうまくできない。お姑さんに嫌味は言われるので、おなかの皮膚を使って整形手術を受けるんですが、何回やってもまたケロイドが出てきて、ついに指が曲がってしまった。ケロイドの皮膚の盛り上がる力があまりにも強くて、指の骨を脱臼させてしまったのです。それぐらい再生しようとするケロイドの力は大きいということですね。

また女性が顔を焼かれるというのは大変だなあと思うのですが、べつな女性の話でそういう一般論ではすまないことを強く思わされました。その女性は原爆の熱線で瞼を焼かれ唇も焼かれました。「瞼がないというのはどういうことかわかりますか？」と言われたのですが、最初はわかりませんでした。瞼がないということは、つまり夜眠る時も目をつむれないということなんです。それから唇が焼かれるということはどういうことか。つねに口が開いたような状況で、涎がだらだら垂れてしまう。お茶を飲もうとしてもこぼしてしまう。それ自体どんなに悔しく辛いことかと思います。彼女は腿の皮膚を使って整形手術をしたのですが、最初に瞼を作ってもらったそうです。目をつぶって眠れることがこんなに幸せなことかと思ったという話をうかがい、わたしのケロイドに対する理解が、いかに表面的なものだったかを痛感しました。

もちろんそういうことは、男性にとっても大変なことだと思います。しかしやはり、女性の人生の選択肢が結婚しかないような当時、女性がそうであることと男性がそうであることとでは、その後の人生にとっての意味はひじょうに違います。もちろん放射能の影響も、当時のジェンダー規範の中で女性に対して強く影響しています。子どもが産めないとか、妊娠しても「奇形」の子が産まれるのではないかと恐れ、また結婚もできないということがあります。井伏鱒二の『黒い雨』は、姪の矢須子が結婚できないという話ですね。子どもに関しては、いつも女性の方に責任があるとされてしまう。わたし自身も子どもを産みましたけれども、ものすごい恐怖でした。

ところがこのあいだ、長崎で専門家の話を聞いたら、実際は男性の方が影響が大きいことがわかってきたというのです。マウスをつかっての研究によると、明らかに精子のほうが卵子より放射能の影響を受けるそうです。だから母親が被爆者であるよりも、父親が被爆者であるほうが影響が大きい。子どもの障害を女性の責任にするのは文化の問題だと思います。日本のジェンダー文化の影響が女性により強く出ていたということが言えると思います。

ヒロシマの加害と被害

こうみてくると、ヒロシマはまさに戦争の究極的被害者ということになります。しかしほんとうにそうなのだろうか？　日本の近代史の中で広島が果たした役割を考えるとき、被害者とだけは言えないものが浮かび上がってきます。

明治以後、敗戦に至る七七年間の日本の近代史を振り返ってみますと、明治政府の国策は「富国強兵」でした。一八七三年に徴兵令が出て、翌年の七四年から台湾に軍を出し、朝鮮にも出し、七九年にはいわゆる琉球処分で、沖縄を強引に日本の領土に編入してしまう。天皇が宣戦布告をした戦争としては日清戦争、一〇年後の日露戦争、それからまた一〇年後の第一次世界大戦、そして一九四一年のアジア太平洋戦争の四つですが、「事変」と呼ばれる布告なき戦争や海外派兵を含めると、一四回もされています。そのすべてが、日本が攻撃されたのではなくて、日本が攻撃したといっていいでしょう。その結果日本は、領土・勢力圏を拡大していった。北はアリューシャンから西は今のミャンマー、南はインドネシア、オーストラリアまで攻め込んだ。そういう日本の近代史の中で、広島はどういう役割を果たしたのでしょうか。

戦前の広島は「軍都廣島」でした。陸軍の第五師団が置かれ、日清戦争の時には大本営が設置されました。明治天皇が広島に来て、ここで政治を行なった時期が半年くらいあったわけです。しかも隣接する呉は、現在「大和ミュージアム」ができているように、海軍の拠点でした。また、広島の宇品港はアジア侵略に向かう兵士の送り出し港でした。出征する兵隊さんや見送りの家族を泊める宿がたくさんあって、ものすごく賑わったそうです。愛国婦人会、国防婦人会の女性たちが「日の丸」を振って、盛大に兵士を送り出したという歴史もこの地にはあるわけです。

ところで皆さんは、ひょっとすると、アジア太平洋戦争は一九四一年一二月八日、ハワイの真珠湾を日本が攻撃したことから始まったと記憶なさっていませんか？　私もじつはずっとそう思っていましたが、一〇年くらい前に高嶋伸欣さんの研究でそうではないことを知りました。日本軍が最初に攻撃をしたのは、マレー半島のコタバルという、タイとの国境あたりの所です。そこにまず軍を上陸させています。マレー半島とその先端のシンガポールは、日の沈むことのない大英帝国の、東洋における一大拠点でした。そこを落とすために日本軍はコタバルに上陸した。真珠湾攻撃の一時間一五分前です。だからアジア太平洋戦争はマレー半島から始まったと言うべきなんですが、いまだにメディアではパールハーバーから始まったと言う。そのほうが派手だからでしょうか。その結果、アジア太平洋戦争は東南アジアの石油やゴム、スズなどの資源を獲得するために日本が起こした戦争だという事実があいまいにされていると思います。

そのマレー半島の攻撃にひじょうに力を尽くしたのが、広島第五師団でした。マレーのトラと言われた山下奉文が第二五軍を編成してここを攻撃するわけですが、その有力部隊が第五師団だったわけです。私はマレー半島を、北のクアラルンプールから南のシンガポールまで、日本軍の残虐行為のあとをバスで辿る旅をしたことがあります。今もそうですけれど、マレー半島には中国系の人が多いんです。日本はそれ以前から中国を侵略していますから、マレー半島にいる中国系の人たちは祖国を攻撃している日本に対して好意的ではない。日本軍は、こうした中国系の人たちを抗日的だとして虐殺して南下していったのです。そして四二年二月一五日にシンガポールを占領、日本ではみんな大喜びをした。

シンガポールに行ったとき、中国系の劉抗というマンガ家が描いた『チョプスイ』という絵本を見ました。早稲田大学名誉教授の中原道子さんが翻訳したものが出ています（めこん）。この本に、日本軍の残虐性がたくさん描かれています。中でも「子どもを空中に投げ上げて、銃剣で受け止める」という絵は、日本軍の残虐行為の象徴として描かれています。

シンガポールのセントサ島に戦争資料館があります。そこでは日本軍が四二年二月から四五年八月まで、三年五ヵ月間この地を占領した時の残虐な支配の実態が、ひじょうに生々しい形で展示されています。蝋人形で再現されているのですが、それを見るのは日本人として身が縮む思いです。そして展示の最後は、原爆で焼け野原になった広島の風景なのです。つまり、この資料館のコンセプトは、「日本の占領下でこんなにひどい目にあったけれども、原爆が落ちたおかげで自分たちは解放された」というもの。解放者としての原爆というわけです。マレーシアとかシンガポールだけではなくて、韓国でもそういう捉え方がされています。植民地支配からの解放の手段としての原爆という捉え方です。それもまた事実です。わたしはシンガポールでお会いした方に「被爆者として、原爆が解放だったとはぜったいには受け止められない」と言いましたが、広島がこういう加害の歴史を持っているということも事実です。

栗原貞子さんという、もう亡くなった広島の詩人が「ヒロシマというとき」という詩を書かれています。この詩は、私の気持ちを代弁してくれていると思うので、引用させていただきます。

〈ヒロシマ〉というとき
〈ああ　ヒロシマ〉と
やさしくこたえてくれるだろうか
〈ヒロシマ〉といえば〈パール・ハーバー〉
〈ヒロシマ〉といえば〈南京虐殺〉
〈ヒロシマ〉といえば　女や子供を
壕のなかにとじこめ
ガソリンをかけて焼いたマニラの火刑
〈ヒロシマ〉といえば
血と炎のこだまが　返って来るのだ

つまり、被害者でありながら加害者であるという二重性を背負わされているのがヒロシマなのだと。単なる被害者であるということより、それはもっと大変なことなんだと思います。

〝唯一の被爆国〟の原発開発

さて、そうした歴史を持つ日本において、今年三月一一日に東京電力福島第一原発の事故が起こりました。なぜヒロシマはフクシマを防げなかったのか。3・11以後、新たな問いに直面することになりました。

「原子力の平和利用」については、八〇年代に仲間とともにやっていた銃後史の研究会で少し調べていましたが、「唯一の被爆国」（非常に問題がある言い方ですが）がなぜ原発大国になったのかについて、ほんとうに情けないことですが、ちゃんと調べたことはありませんでした。それであわてて、五〇年代の資料をもう一回ひっくり返しました。

「原子力の平和利用」については最近はいろいろなところで言われていますが、そもそも原爆というのは最大の破壊力と殺傷力を持つ武器として開発されたわけです。ところが、一九五三年一二月に、アメリカのアイゼンハワー大統領が国連で「原子力の平和利用」、Atoms for Peace という演説をする。そこから平和利用ということが始まったわけですね。なぜアイゼンハワーがそういう演説をしたかと言うと、核開発におけるソ連の追い上げに対する危機感があります。アメリカは四五年八月に原爆を広島・長崎に投下して以後、しばらくは唯一の核保有国であったわけですね。その直後からソ連との間で冷戦が厳しくなってきますけれども、原爆を持っているという優位性で、ソ連に対しても大きな顔をしてきた。ところが、四九年にソ連が原爆を開発します。それでアメリカは、五一年に水爆を開発をする。するとすぐにソ連も水爆を開発する。しかもアメリカの水爆より威力の強いものだった。アメリカとしてはひじょうに危機感を持つわけです。このままいくとソ連に凌駕される恐れがある。そこで何とか西側諸国をまとめて、アメリカの優位性を固めようということで、原子力の平和利用ということを言いだしたのです。原料・技術を提供することで西側同盟諸国を支配下に置く体制を固めようとした。そういう狙いがあったのです。

日本で当時これに飛びついたのが中曽根康弘でした。彼は今も元気で、フクシマ以後も原発導入について「先見の明」を誇る発言をしています。彼は一九五〇年にアメリカに行って以来、原子力の利用ということに非常に積極的な姿勢を持ち続けています。アイゼンハワー演説の四ヵ月後、五四年三月初めに中曽根らは原子炉築造補助費二億三五〇〇万円の予算案を国会に提案しますが、これがほとんど議論もしないまま、一日後には衆議院を通り、四月三日には参議院を通って成立してしまいました。二億三五〇〇万円という額に関しては、ウラン二三五にひっかけたのではないかという説もありますけれど、本当かどうかわかりません。

こういう形で国策として原子力の平和利用、具体的には電力への利用ということに予算措置がついて動き出すことになる。そこにもう一人、絡んで来るのが正力松太郎という、『読売新聞』のオーナーで元警察官僚という人物です。この人はもう亡くなっています。佐野眞一『巨怪伝』（文藝春秋）などによると、彼は総理大臣になるという野望を持っていたらしい。メディアの社主でありながら衆議院選挙に打って出て当選し、原子力担当大臣になるという形で、積極的に原発開発の旗振りをやります。原子力委員会の委員長になったりすると同時に、メディアを駆使して国民に対して平和利用を洗脳する役割を積極的に果します。『読売新聞』だけではなくて、テレビも利用しました。一九五三年という年は日本では電化元年と言われていて、家庭電化製品がどんどん出てきた年ですが、この年にテレビの放映も始まりました。五三年二月にＮＨＫ、八月に読売傘下の日本テレビの放映が始まります。これもアメリカの技術をいち早く受け入れてやったものです。つまり正力は、新聞とテレビのメディアミックスで、国民にたいして平和利用を訴えた。

『読売新聞』は五四年一月から「ついに太陽をとらえた」というタイトルで「原子力の

平和利用」について三一回連載していますが、五六年元日には全面をつかって座談会を載せています。出席者は正力松太郎、中曽根康弘、物理学者の嵯峨根遼吉、それから作家の森田たまの四人です。原子力の平和利用がいかに素晴らしいかということをみんなで語っているわけですが、そのなかで唯一の女性である森田が「女性と原子力」について、「女性は無知で科学的なことを知らないで、ただ放射能は怖い怖いというようなことを言っている」といった発言をしています。それに対して中曽根がこんなことを言っているんですね。「昔明治に電気が入ってきた時に、うちの爺ちゃんなんかは電気が怖いということで電線の下を歩く時にはこうやって歩いていたものだ。でもいまはどうですか。十八、九の若いお嬢さんたちがパーマネントの電気のお釜の中に入って平気でしょう。だから今に原子力だって、十年もすれば、普通に皆で当たり前に使うようになる。怖がるのはバカですよ。アッハッハ」。

atomic sunshine と象徴天皇制

しかし「原子力の平和利用」については、中曽根が悪い、正力が悪いではすまないものがあります。さかのぼって敗戦の時、日本人は原爆というものをどんなふうに受け止めたのか、もう一回見直してみる必要があると思います。

六六年前の今日、つまり敗戦の年の八月一五日の『朝日新聞』に敗戦の詔書が載っていますが、その見出しに、「新爆弾の惨害に大御心」とあります。つまり降伏の理由として、天皇が原爆を受けた国民のことを思い、ポツダム宣言を受諾したといった内容です。「玉音放送」でも「敵は新たな爆弾を開発してしきりに無辜の国民を殺傷している。これ以上戦争を続けると大変なので、ポツダム宣言を受け入れる」という意味のことを言っています。またこの詔書をうけての内閣告諭という、「玉音放送」の解説文書のようなものでは、もっとはっきりと、アメリカの新型爆弾、この科学技術が戦争の歴史を一変させてしまった、そういう状況の中でやむにやまれず降伏したんだというようなことが書かれています。自分たちのやり方が間違いだったというのではなく、とんでもない兵器が出てきたから負けたんだということです。これは「玉音放送」のあと放送されました。

こうした原爆認識は昭和天皇や当時皇太子だった現天皇にも共通しています。四五年九月九日に昭和天皇は、まだ一一歳の少年で日光に疎開している皇太子に手紙を書いていますが、その中で「敗因についてひとこと言わせてくれ。我が国人があまりに皇国を信じすぎて、英米を侮ったことである。我が軍人は精神に重きを置きすぎて、科学を忘れたことである」と言っています。また木下道雄という、敗戦直後昭和天皇の侍従になった人の『側近日誌』（文藝春秋）に現天皇である皇太子の八月一五日の日記が引用されているのですが、それを見てびっくりしました。日本人は一生懸命がんばった、「けれども、戦いは負けました。それはアメリカの戦争ぶりがひじょうに上手だったからです。攻め方も上手で、なかなか科学的でした。ついには原子爆弾を使って何十万という日本人を殺傷し、町や工場を破壊しました。その原因は日本の国力が劣っていたのと、科学の力が及ばなかったためです」。ひじょうにクールですね。私は八月一五日の庶民の日記をけっこう見ています。仲間たちと一緒にやっていた研究会の機関誌『銃後史ノート』にも引用しているんですけれど、大方は敗戦の衝撃、怒りと悲しみに満ちたものです。原爆についても「これからは科学を頑張ってかたき討ちするぞ」といった苦渋に満ちた記述が多い。それに比べてこの皇太子の日記は、いったいなんなんでしょう。三一〇万という国民を犠牲にしながら、淡々と「アメリカが偉かったから負けました」とは……。

国民はずっと、アメリカの物質主義に対して精神力で勝つんだとさんざん言われてきて、「鬼畜米英」への敵愾心をかき立てられていました。だから庶民の日記に衝撃と怒りがあるんですね。けれども敵愾心をかき立てた側の天皇と皇太子の中にはそういうものが全くない。このちょっとあとの九月二七日に昭和天皇はマッカーサーを訪問し、国民を助けてほしいと言ったとか言わなかったとか議論がありますが、今回皇太子の日記を目にして、天皇は原爆を持っているアメリカに表敬訪問に行ったんだ思いました。国民もこのあとすぐ、やはりアメリカはすごい、ということになりますが、頂点にいる二人はとっくになびいていたわけです。

昭和天皇のマッカーサー訪問では二人が並んだ写真が新聞に載りますが、渡辺清の『砕かれた神』（朝日新聞社）では、主人公がその写真を見て衝撃を受け、「昨日までの敵に対しておめおめと自ら出向くとは！」と天皇に怒りをぶつけています。そして昨日まで神であった天皇のイメージが壊れたという、ひじょうに印象的な記述があります。けれども天皇にとっては威力のある強者になびくのは当たり前、さっさと表敬訪問に行ったのではないか。

それを裏づけるような話があります。**atomic sunshine**、つまり原子力的日向ぼっことという言葉があります。戦後、GHQは日本政府に対して憲法改正を指示しました。日本政府は松本烝治を中心に改正案をだすわけですが、帝国憲法と変わらないようなものしか出てこない。そこでマッカーサーが業を煮やして、四六年二月になってホイットニーをリーダーにGHQのスタッフを使って草案を書かせました。それをホイットニーは、松本烝治ら日本側の憲法起草委員の所に持ってきてポンと投げ与え、「マッカーサーはこの草案以外のものは受け入れない。一五分だけ時間をやるからこの草案を検討しなさい」と言った。そして部屋を出ていきました。一五分たって部屋に戻ってきたとき、彼が言ったのが **atomic** sunshine、原子力的日向ぼっこです。

マーク・ゲインの『ニッポン日記』（筑摩書房）によりますと、ちょうどその時、アメリカの爆撃機が建物を揺すぶって通り過ぎたそうです。意図的かどうか、ひじょうに脅迫的です。そして戻ってきたホイットニーが、部屋に入るなり芝居がかってこう言った。「原子力的な日光の中で、日向ぼっこしていましたよ」と。つまり現行憲法は原子力という最大の威力を背景にして、押しつけられたんだということです。「押しつけ」というと、右翼的になってしまってまずいのですが、事実としてはそうです。これについては加藤典洋の『敗戦後論』（講談社）やダグラス・ラミスの『影の学問　窓の学問』（晶文社）でもふれています。

マッカーサーは天皇制の存続を絶対必要としていた。そのために第一章の天皇制と日本の非武装という第九条を抱き合せにしたわけですが、その天皇制は戦前そのままではまずい。象徴天皇制でなければならない。atomic sunshine の話は、原子力にバックアップされることで、天皇制は戦後、新たな形で生き延びたということです。だから戦後の天皇制と原子力は対立矛盾するものではなく、まさに抱擁関係、共犯関係にあるのではないか。それは戦後日本の出発点における欺瞞性です。私は今の憲法、とくに九条は大事にしたいと思っていますが、出発点における欺瞞性は見据えておく必要がある。天皇制のもとでの民主主義、アメリカの核の傘、日米安保条約に護られた平和だったということを改めて直視すべきだと思います。

原子力と科学信仰

原子力を最高形態とする科学技術信仰は被爆者や進歩的学者も含めて国民のあいだに共有されていました。長崎医大教授で被爆者の永井隆が書いた『長崎の鐘』（日比谷出版社、一九四九年）という本があります。占領中は原爆被害については報道統制されていたんですけれど、その中で出版を許された本です。妻が原爆で消えてしまい、幼いふたりの子ども、誠一君と茅乃ちゃんを残された父親永井隆が書いた本で、ベストセラーになりました。映画にもなり主題歌はいまもカラオケで歌われています。今回読み直してびっくりしました。『長崎の鐘』の最後の部分に子どもと父親の対話があるのですが、子どもに「原子は爆弾のほか使い道はないの？」と聞かれて、「いやいやあるとも。あるとも。こんなに一度に爆発させないで少しづつ調節しながら破裂させたら原子力は汽車も飛行機も走らす。人間がどれほどに幸福になるかわからない」「じゃあこれからはなんでも原子でやるんだなあ」。本当にびっくりしました。四九年にもう原子力の平和利用推進論なんですね。

それから武谷三男の「推進論」もショックでした。〈唯一の被爆国〉が原発を導入するうえで、武谷三男のこの議論が大きな役割を果たしたと思います。武谷三男はずっと原発の問題性を指摘し、「原子力情報資料室」の初代代表でした。「原子力情報資料室」は高木仁三郎さん中心でしたが、一九七五年に立ち上げた時の代表は武谷でした。その武谷が、一九五二年一一月に「被爆国だからこそ原子力の平和利用」ということを言っているのです。

これには前段階があります。さきほど述べたアイゼンハワー演説や中曽根らが予算案を提出する前、五二年一〇月の日本学術会議において、茅誠司、伏見康治が原子力の平和利用研究を始めようと提起した。それに対して、広島大学の物理学教授である三村剛昂が自らの被爆体験をも縷々語りつつ大反対しました。それで推進論は立ち消えになったのですが、武谷は雑誌『改造』で「被爆国だからこそ原子力の平和利用」なんだというわけです。

武谷は当時非常にマスコミに露出度の高い学者で、女性や子ども向けメディアでも活躍していました。たとえば『婦人画報』では、原子力を使りとロケットも飛ばせ、温室で植物もたわわに実り、水撒き機で砂漠を緑に改造するとか、またマヌカンかヌードのような女性を三人立たせて、原子力は美容にいいというようなことを絵入りで書いています。「アトミック整形医院」とあるのですが、原子力を使って整形するということでしょうか。そういう女性の心をくすぐる形で原子力の平和利用の素晴らしさを言っている。3・11後、鶴見俊輔は、「武谷さんが反対していたのに、みんなちゃんと聞かなかった」といったことを書いていています。たしかにその後は反対の論陣を張っていますが、「被爆国だからこそ」の論理を推進派に提供したのはやはり問題だと思います。

こういう形で原子力の平和利用が国策として導入されようとした同じ一九五四年三月、ビキニ環礁でおこなわれたアメリカの水爆実験によって第五福竜丸が被曝し、九月に無線長の久保山愛吉さんが亡くなりました。この事件をきっかけに原水爆禁止署名運動がものすごい勢いで盛り上がります。とくに女性が中心になって運動を展開し、五四年の五月から翌年の八月まで、一年ちょっとの間になんと三二〇〇万の署名を集めています。当時の日本国民は九〇〇〇万弱ですから、その中で三二〇〇万集めたということは、赤ちゃんを除けば二人に一人が署名をするくらいの、まさに国民運動としてあったわけです。ここから現在に続く、二つの運動が誕生します。

ひとつは日本母親大会です。五五年の六月に、二〇〇〇人の女性たちが全国から集まって、第一回大会が開催されました。涙の母親大会と当時言われたわけですが、翌年の第二回大会から「生命を生み出す母親は、生命を守り、生命を育てることを願います」というスローガンが掲げられました。これは今も続いていて、今年は広島で全国大会が開かれました。

そしてもうひとつが原水禁世界大会です。第一回大会が五五年八月に開かれています。

その後、共産党系と社会党系とに運動は分裂し、原水協と原水禁というふたつの団体になっているのはご承知の通りです。現在『ふぇみん』と名前を変えている『婦人民主新聞』が、第一回原水禁世界大会を記事にしています。その見出しを見ると「原子力は人類の繁栄のために」というもの。実は、大会宣言の中に「原子戦争には反対、原子力は人類の平和のために使うべき」ということが謳われています。ということは原子力の平和利用を容認していたわけです。日本の原水禁運動は、核兵器はいけないけれど、原発はいいという形で出発したということです。

「近代を超える」ためには

最後に改めて、核とは何かということを考えてみたいと思います。戦中から、核兵器は「マッチ箱大で丸ビルを吹き飛ばす」と言われていました。また広島に原爆を落としたあとトルーマンは、「ヒロシマ原爆一発でTNT火薬二万トン分に相当する」と言っています。実際は一万六〇〇〇トンだといわれていますが、いずれにしろ核兵器は破壊の効率性がきわめて高いということです。最少費用の最大効果というか、費用対効果という言葉を使えば、ものすごく効率的です。それが核兵器の特徴です。そうした効率性は原爆だけではなく、近代という時代が目指した究極的な価値観ではなかろうかと、私は思っています。

近代がめざしたものには自由、平等、人権といったものもありますが、その一方では豊かさ便利さを求めて突っ走ってきた。生産力第一主義、効率中心のあり方です。そういう中で軍拡競争や環境破壊、人間自身の破壊も起こっています。いま、そうした近代の問題性が見えてきています。東電福島原発の事故も、まさにそうだと思います。近代の力の論理、効率性、生産性を求める姿勢そのものが問い直されなければならないという課題を、あらためてはっきりと突きつけられたんだと思います。

「弱者が強者になることによってではなく、弱者のままで尊厳を持って生きられる社会を目指す」というのは、フェミニズムについて上野千鶴子さんが言っていることですが、ひじょうに共感します。近代の論理、効率性を問い直すということは、強者になることによって対等・平等を求めるのではなく、弱者のままで尊重される社会を求めるということでもあります。

しかしここで、困っていることがあります。この近代の力の論理、効率性を問い直すということは、実は戦争中の「近代の超克」論においても言われていました。一九四二年、まさに戦争真っ盛りの時代に『文学界』でなされた座談会が「近代の超克」でした。保田與重郎など日本浪漫派の連中、京都学派のいう「世界史の哲学」。そこで言われていることことは、欧米的進歩主義、物質主義、つまりは資本主義をどう超えていくかということです。そして、大東亜戦争はそのための戦いであり、欧米の力の論理からアジアを解放する聖なる戦いなんだというわけです。欧米的侵略主義、強権主義、物質主義、そういうようなものからアジアを解放し、日本的な和の論理、自然と融合的なありようをめざす。それこそが今後の人類世界の目指す方向性なんだと言った。しかし結局は、「八紘一宇」の侵略の論理の補強でしかありませんでした。

現在、3・11を契機として出てきている議論の中にも、そういう論理につながりかねないものがあります。この間ネットを見ていて、びっくりして急いで反論を書いたのですが、『プランB』という雑誌の村田光平さんによる「力の父性文明から和の母性文明へ」という論文です。ここで展開されている論理は、まさに「近代の超克」の論理と同じです。また「和の母性文明」は、究極の天皇制讃歌ともいうべき『国体の本義』(文部省　一九三七年)の中で盛んにいわれていることです。私も、村田さんがいわれるように、より豊かに、より便利にという発想それ自体を見直さなければいけないと思っているのですが、それが天皇制の論理へとつながっていくのではない方向をどうやれば見出していけるのか。ぜひ皆さんも、一緒に考えていただければと願っています。

(『運動〈経験〉』34号に収録した二〇一一年八月一五日の講演記録に加筆訂正)

「原子力の平和利用」と女性解放

原水禁運動は一九五〇年代半ばに大きく盛り上がりますが、一方ではその時期に国策としての「原子力の平和利用」も動き出しています。なぜ原子力の平和利用は原水禁運動と両立したのか？　当時両者は必ずしも対立するものではなく、原水禁運動は平和利用を容認していた感もあります。それをただ批判するのではなく、なぜそうだったのかきちんと考える必要があると思います。そのためには運動内部だけでなく、時間軸も視野も広げて、運動を取り巻く全体状況を見ていかなければならないのではないか。ということで今日は、とりあえず占領期を中心に、「女性解放」との関連でみてみたいと思います。原水禁運動を起動させたのは女性たちであり、この問題を考える上でジェンダー視点は不可欠だと思うからです。

占領下、日本人の原子力認識

その前にまず、占領期において、日本人は原子力についてどう認識していたのか。一九四五年八月一五日のいわゆる玉音放送には「敵ハ新ニ残虐ナル爆弾ヲ使用シテ頻ニ無辜ヲ殺傷シ」とあり、直後にだされた内閣告諭では、「遂に科学史上未曾有の破壊力を有する新爆弾の用いられるに至りて戦争の仕法を一変せしめ」と原爆の「科学史上」の意義を強調しています。ここには、とんでもない兵器が出現したから負けたんだと、自分たちの責任を糊塗する意図も感じられます。こうした放送を受けて、一般庶民の八月一五日の日記には日本の科学技術の拙劣さを苦渋に満ちて嘆くものが多い。その一方、当時一一歳の少年だった現天皇の八月一五日の日記には、「アメリカが戦争のやり方がうまくて攻め方も上手でなかなか科学的でした。（略）ついには原子爆弾を使って何十万といふ日本人を殺傷し、町や工場を破壊しました」と非常にクールに書かれています。

いずれにしろ日本人の上から下まで、敗因認識として原爆やアメリカの科学技術があったことはたしかでしょう。八月一八日、敗戦処理内閣として発足した東久邇内閣の文部大臣前田多門は科学教育重視を打ち出し、メディアも「科学立国」を謳います。八月二〇日の『朝日新聞』には、原爆で吹き飛ばされた貨車の写真の下に「科学立国へ」と題して以下のような記事が載ってます。「われらは敵の科学に敗れた。この事実は広島市に投下された一個の原子爆弾によって証明される。前田新文相は就任に当り科学を含めた広い文化の復興を図りたいと科学立国の熱意を述べた。科学の振興こそは今後の国民に課せられた重要な課題である。」

アメリカの科学技術が敗因とすれば、当然復興の方向性としてアメリカへの憧れや科学技術信仰が出てきます。それは最先端技術である原子力への夢につながります。日本は一八六八年から敗戦の一九四五年までの七七年間に一四回も周辺アジア諸国に軍を出していますが、こうした敗因認識からは自国の侵略責任への自覚は出てきません。

八月末にマッカーサーが厚木におりたって占領政策が始まりますが、これまでは九月一九日にSCAP（連合軍総司令部）が出したプレスコードにより、占領下、とくに四九年一〇月までは原爆報道は禁止されていたと考えられていました。しかし最近、早稲田大学二〇世紀メディア研究所の加藤哲郎さんらがプランゲ文庫の資料を検証した結果、その間にもけっこう原爆関連報道はなされていたことがわかりました。たとえば四六年一月二二日の朝日新聞社説では、「原子力時代の形成」というタイトルで、原子エネルギーの開発はこれまで人類が成し遂げた技術革新の中でも画期的なものだと讃えているし、四七

地方紙に載った風邪薬「ピカトン」の広告。（加藤哲郎「占領下日本の原子力イメージ」より）

年九月一〇日の社説では「原子力の平和的利用」というタイトルのもとにアイソトープなどを紹介しています。四八年二月二九日にも「原子力に平和の用途」という大きな記事があります。すでに原子力は「平和」に結びつけられて報道されていたわけです。さらに原子爆弾そのものがプラスイメージで使われた広告もあります。「ピカトン」という風邪薬の広告に、キノコ雲の絵が使われているのには絶句しました。原爆はすばらしい力、威力あるものの象徴というわけですね。

被爆者による「原子力の平和利用」推進論もだされています。長崎の被爆者永井隆はまだ原爆報道が禁止されている四九年一月に『長崎の鐘』を刊行しますが、その最後あたりで父と息子の対話の形で「平和利用」讃歌が書かれています。父永井隆が「原子力は汽船も汽車も飛行機も走らすことが出来る。石炭も石油も電気もいらなくなるし、大きな機械もいらなくなり、人間はどれほど幸福になれるかしれないね」と言って、息子が「じゃあこれからなんでも原子でやるんだなあ」といって終わります。

つまり占領下において、生々しい原爆被害の報道は禁止されていましたが、原子力のプラスイメージはけっこう流布していたといえるでしょう。それが国民の無意識に一定の影響を及ぼしていた可能性はあると思います。

アメリカ文化＝電化生活＝女性解放

アメリカや科学技術への憧れと「女性解放」の関連はどうだったでしょうか。ＳＣＡＰは占領政策の柱として日本の非軍事化と民主化を掲げ、四五年一〇月一一日、日本民主化のための五大改革指令をだします。そのトップに掲げられたのは「選挙権付与による女性解放」でした。そして一二月一七日に選挙法改正が行われ、ここで日本女性は初めて参政権を獲得しました。その反面、沖縄と日本在住の旧植民地、台湾・朝鮮出身の男性は戦前は選挙権があったのですが、それがはく奪された。つまり女性を国民として包摂したかわりに、植民地出身の男性は排除したわけです。

アメリカ映画も女性解放や民主化のために使われました。「アメリカ映画は文化の泉」ということで一九四六年中に三八本のアメリカ映画が公開されますが、そのトップを切ったのは二月二八日公開の「キュリー夫人」でした。これは一九四三年グリア・ガースン主演で制作されたマリー・キュリーの伝記映画ですが、ＯＷＩ（戦時情報局）はこれについて「人類にとって重要な発見であるラジウム発見の物語は、この映画の中で生き生きと描かれている。キュリー夫人のスピーチに含まれるメッセージは、戦後の世界をより良きものにするためのプランが用意されたいま、特に時宜に適っている」と推奨しています。

ここでいわれる「キュリー夫人のスピーチ」とは、映画の最後で、一九二三年一二月二六日のラジウム発見二五周年を記念してソルボンヌ大学の大講堂でマリー・キュリーが行ったものですが、徹底した科学讃歌です。「だからこそ私は思うのです。科学は美しいものだと」。ここは "science has great beauty" と言っていますが、非常に象徴的な発言です。さらに「科学の精神は世界を悪への道から救うこともできます。貧困・病気・戦争・そして悲しみ」。「真実の光を求めよう。未知なる道を進もう。知識というたいまつの火を掲げ、古い固定観念に囚われず、光り輝く未来を築くのです」。これは当時、女性に対するメッセージとして非常に輝かしいものでした。初めて男子と肩を並べて大学に入った女子学生がキュリー夫人に

憧れて、皆がキュリー夫人になってしまうんではないかと心配したという男子学生の証言もあります。またここに見える科学讃歌は、科学技術による国家再興という機運にアピールするものだったでしょう。

映画だけではなく、いろんな形でアメリカ文化の優位性がアピールされますが、一九四六年六月から「ブロンディ」という漫画が『週刊朝日』に連載されます。それが四九年一月からは『朝日新聞』に移って毎日連載される。これはアメリカの中産階級の主婦、

ブロンディの生活を描いたもので、アメリカ版「サザエさん」といったものですが、その中にはふんだんに電化製品が出て来る。掃除機だの冷蔵庫だの。今から見ると大きくて滑稽ですが、当時の日本の主婦にはため息が出るようなすばらしいものだったでしょう。

ラジオでは四八年二月から「アメリカ便り」が放送されます。この中でも電化製品に囲まれたアメリカの家庭生活が紹介されます。「コーヒーを飲みながらラジオのニュースと天気予報を聞いてご

主人は働きに出かけ、奥さんは台所のあとかたづけと洗濯と家の中の掃除を一緒にやります。台所の片隅にある洗濯機の中に、シーツ、タオル、シャツ、子供の服、ハンカチなどを放り込み、粉石けんをいれてスイッチをひねる」といった具合です。こうした情報によって、アメリカ＝文化＝電化生活というイメージが大衆的にばら撒かれたと言えるでしょう。

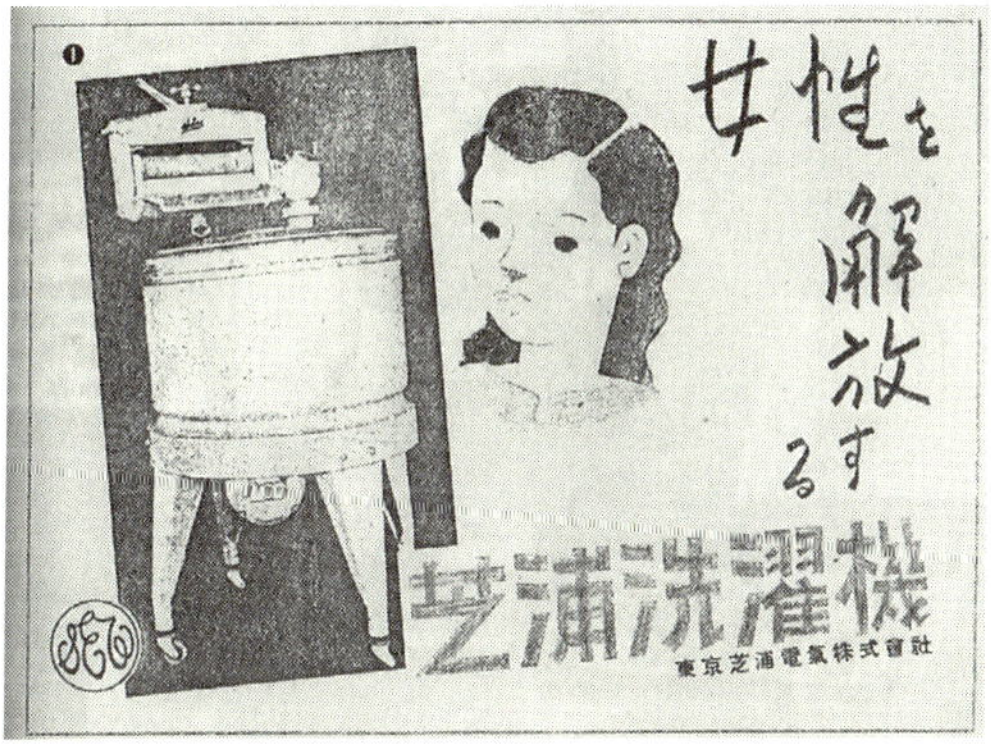

日本の電機業界も競って家電製品を売り出します。その広告にはなんと「女性解放」が使われています。四八年の『アサヒグラフ』に載った芝浦電気、現在の東芝ですね、その電気洗濯機の広告のコピーは「女性を解放する」。富士電機の洗濯機の広告は「洗濯しながら本が読める」とあります。戦後男女共学となり、女性たちが高等教育を受けられるという時代状況の中で、女性たちの解放欲求や向学心に訴えたわけですね。たしかに当時の洗濯は井戸端にしゃがんで洗濯板でごしごしという大変な重労働でした。東芝の技術者で、「家電の神様」と言われた山田正吾は「洗濯＝洗多苦」というキャッチコピーをつくりました。つまり洗濯は苦

労が多いと。電気洗濯機はそうした重労働から女性を解放するのだといって売り込んだのです。

もちろんここには牢固たる性役割意識があります。家事を全面的に女性の役割とした上で、その負担を軽減するために電化製品を買い与える。そのお金を出すのは夫でしょう。したがって電化製品は近代的性分業家族を強化したといえます。それでも当時の女性にとって、洗濯機をはじめとする家庭電化製品は、選挙権などよりも直接的な「解放」であったことはたしかでしょう。

しかしこの時期電機業界が家電開発に取り組んだのは、もちろん女性解放のためではなく、日本資本主義の復興の方向性と合っていたからです。憲法九条の武装放棄により軍需から民需への転換を迫られる中で、生き残りをかけて開発したのが家庭電気製品だったのです。四八年には電力三社と電機メーカー一四社が家庭電器文化会を設立して、いろんな製品の開発に乗り出しています。

しかし五〇年、朝鮮戦争が起こりました。そうなると企業は、朝鮮特需ということで再び軍需に転換します。その中で金へン景気、糸へン景気がおこり、日本は戦後復興を成し遂げることになります。当時「ガチャマン」という言葉があって、一回織機をガチャっと動かすと一万円儲かるというぐらい糸へン景気にわいたといいます。ほんとうに国を挙げてそれ行けやれ行けという感じで、戦火に苦しむ朝鮮の人たちには思いが及ばなかった。そうした中で五一年、本格的な経済復興のためのエネルギーの確保のために、いま問題になっている全国九電力体制が確立し、電源開発五カ年計画が開始されます。この段階では水力発電のための巨大ダム開発で、もちろんまだ原子力は登場しません。

一九五三年は電化元年と言われています。五三年二月にＮＨＫ、八月に日本テレビが放映を開始、いよいよテレビ時代が始まり、家電製品売り込みも本格化したからです。なぜ五三年が電化元年なのかといえば、朝鮮戦争の休戦により特需が終わったからです。ふたたび民需で商売しなければならないということで、家庭電化製品の開発が盛んになったわけです。

そうした電化製品は、女性たちにとってノドから手が出るほど欲しいものでした。当時大部数を誇る大衆的な女性雑誌『主婦之友』（五三年一二月号）に、川崎市の婦人会会長のこんな文章が載っています。

「生活がおいおい落着いてくるにつけ、私たちが夢にまで見るように欲しいのは、電気洗濯機や電気冷蔵庫です。こんな機械が私たちの家庭にあったら、私たちの労働と時間は大いに節約され、教養や娯楽によってどんなに楽しい充実した日々を送れることでしょうか。けれども、それにはまず、私たちの国が富まなければなりません。せっかく電気洗濯機がデンとおかれても、毎日毎日停電の現状では、電気洗濯機が泣き出すでしょう」。

当時は非常に停電が多かったので、この婦人会では電源開発五カ年計画に協力するため、一ヵ月一人一〇円の電源開発愛国貯金運動をやっています。また近くの東芝の工場見学に行って電化生活への憧れをかき立てられ、電球を一個ずつもらって帰ったりしています。

武谷三男の「原子力の平和利用」推進論

こうした主婦たちの願いを原子力に結びつけたのは、原子物理学者の武谷三男です。故高木仁三郎さんの原子力資料情報室は脱原発運動の中心的役割を担ってきましたが、これは一九七五年に武谷らが設立したものです。だから当然原発反対だったわけですが、五〇年代初めまでは積極的に「原子力の平和利用」推進論を展開しています。加藤哲郎さんがプランゲ文庫のデータベースによって、占領下一九四九年までの原子力関係言説をチェックしたところ、湯川秀樹がトップで一三四回ですが、二位として武谷三男が一二八回登場している。そのあとはぐっと下がって仁科芳雄は六六回です。武谷は圧倒的にメディアに露出していた学者で、しかも湯川秀樹と違って子供や女性向けメディアによく書いていて、大衆的な影響力を持っていました。

五二年の『婦人画報』に「原子力を平和に使えば」という文章を書いていますが、ここでは「キュリー夫人、ジュリオ・キュリー夫人、マイトナー女史、このような平和主義的母性の名をもって象徴される原子力」とあります。ジュリオ・キュリー夫人というのはマリー・キュリーの娘で、やはり物理学者のエレーネ・キュリー。マイトナー女史というのはリーゼ・マイトナー。一九三八年にオットー・ハーンが核分裂を発見したと言われていますが、実は共同研究者としてリーゼ・マイトナーの力が非常に大きかった。それなのに女なるがゆえに消されて、オットー・ハーン一人がノーベル賞を受賞するのです。彼女については、『大地』で有名な作家パール・バックが『神の火を制御せよ』という小説に書いています。

武谷はこれら原子力開発に力のあった三人の女性の名をあげて、原爆はたしかに恐ろしいが、本来原子力は「平和主義的母性」的なものだというわけです。そして原子力を利用すれば、「日本なども電力危機は完全に解消されるだろう。そして電力をもっと自由に家庭に使用することができる。今日の日本の一般家庭では電灯とラジオ位にしか使われていないが、台所の電化はもちろん、暖房、冷房、洗濯、掃除もすべて電力で行われることになるだろう」と言っています。たしかに現在では武谷の言う通りになっていますね。

以上みたように、占領下において、日本の民主化という占領政策と日本資本主義復興にかける企業社会の思惑と、解放を求める女性たちの願いが見事に一致して、電化製品に結実したといえるでしょう。このあとそこに原子力の平和利用がなだれ込んでくることになります。

原水禁署名運動と二つの女性運動

一九五四年三月一日、アメリカがビキニ環礁で水爆実験を行い、第五福竜丸が被曝しました。最初に報道したのは『読売新聞』ですが、それを知った東京の主婦たちが原水禁署名運動に立ち上がり、八月には全国協議会が設立されて全国に広がっていきます。この中に全国地域婦人団体連絡協議会（地婦連）が入っていて、署名集めに大きな力を発揮しました。この団体は戦前、文部省傘下にあった大日本連合婦人会の流れで、地域で網羅的に加入する。どちらかと言えば体制内的なものとされていました。

こうした女性団体の力もあって原水禁署名運動は国民的な盛り上がりを見せ、翌五五年八月六日から八日までの三日間、原水禁世界大会を広島で開催、ここには五二カ国、五〇〇〇人の人が集まりました。この段階で署名は三二〇〇万と言われています。当時日本の人口は九〇〇〇万弱だったので、赤ん坊を除くと国民の半数以上が署名したといっていいでしょう。まさに国民運動です。

広島では一〇〇万署名を達成しますが、そのうち八〇万は県婦連の力だと言われています。それに対して、広島出身の作家山代巴は「第一回原水爆禁止世界大会のあとの、広島県地域婦人団体連絡協議会の支部を歩いてみると、支部の末端はほとんど総ての所で、戦時中の部落常会の婦人部のような形になり、自由意志による自発的な小集団であるべきはずのグループは、隣組単位に作られており……」と上からの運動として批判しています（「苦難の時期をささえたもの」『連帯の探求』（未来社　一九七三年）。

原水禁署名運動を契機に誕生し、いまもつづいている女性運動があります。母親大会です。五三年に平塚らいてうを会長として、自主的な女性団体が集まって日本婦人団体連合会（婦団連）を結成しましたが、女性たちの原水禁運動を受けて、五四年秋、平塚らいてうがパリに本部がある国際民主婦人連盟（国際民婦連）に「原水爆反対日本婦人の訴え」を送ります。これを受けて国際民婦連では世界母親大会を開こうと五五年二月に準備会を開き、七月にスイスで世界母親大会を開催することを決定します。そこで出された呼びかけ『母の愛にうったえる』には国際民婦連会長ウージェニー・コットンの原子力平和利用推進論が載っています。

「私たちは、原子力の平和利用を発展させることを、全力をあげて応援します。（略）原子エネルギーは石炭とちがって運びやすく、軽くて、ウラニウム一キロが石炭三〇〇〇トンの熱量を与え、人類のためにどんなに役立つものであるかを知っています。それがあれば、後進国は産業施設を備えて、経済的従属と欠乏から解放されるのです。また、人類全体の物質的困難を、かなり緩和できるのです。とくに、母親の毎日の仕事はとても楽になるはずです」。

このアピールを受けて日本婦団連等では、世界母親大会の代表選考を兼ねて、六月に第一回日本母親大会を開きます。全国から二〇〇〇人の母親が東京に集まり、「涙の母親大会」と言われました。翌五六年の第二回大会からは、世界母親大会で読み上げられたギリシャの詩人ペリディスの「生命を生み出す母親は、生命を守り、生命を育てることを望みます」という文言がスローガンとして掲げられ、いまに至っています。

脱原発の論理としてよく母性主義がいわれますが、この段階では武谷三男がいうように、母性は「原子力の平和利用」と矛盾するどころか推進するものだったといえるでしょう。そして地婦連が全面協力した八月の原水禁世界大会の大会宣言には、「原子戦争を企てている力を打ちくだき、人類の幸福と繁栄のために原子力を用いなければならない」という文言があります。ということは、原水禁世界大会自体も発足の段階から、原爆は否定するが「平和利用」は容認していたと言えるのではないでしょうか。『婦人民主新聞』、現在『ふぇみん』という名前になっている先進的な女性メディアでは、世界大会について大きく全面を使って報道していますが、驚いたことにそのトップの見出しは原水爆禁止ではなく、「原子力は人類の繁栄のために」という平和利用論になっています。この時期の婦人民主クラブは母親大会に熱心に取り組んでいたので、「原子力の平和利用」に共感的だったのだと思います。

一九五五年という年——原水禁運動と「原子力の平和利用」の両立

一九五五年という年は戦後史にとって画期的な年です。いわゆる五五年体制の成立ということもあるし、高度経済成長も始まります。そして母親大会や原水禁世界会議の開催など核戦争反対運動が盛り上がる一方、国策としての「原子力の平和利用」が着々と実行に移されていった。秘密裏にアメリカから濃縮ウランを受け入れ、原子力三法（原子力基本法、原子力委員会設置法、原子力局設置法）を成立させ、原子力委員会を設置する。ここで原子力開発のシステムが確立するわけですが、それに対する一般の危機感は感じられません。

それどころかこの年は神武景気と言われる好景気であり、いわゆる三種の神器、テレビ・冷蔵庫・洗濯機がブームになります。といってもすごく高額なんですよね。このころ「月給は一万三八〇〇円」という歌があったらしいんですが、国民の平均月収が一万三八〇〇円のとき、なんとシャープのテレビ、もちろん白黒ですが、一七万五〇〇〇円です。それから洗濯機、まだローラーで絞らなければならないものですが、二万八〇〇〇円ぐらいします。月給の何か月分も出さないと買えない代物ですが、ここに月賦、ローンというシステムが登場し、お金がなくても買えるようになる。月賦を返すにはどうするか。そこに登場したのが主婦パートという非正規雇用です。電気洗濯機を月賦で買って余暇が生まれた分、その月賦を払うために安いパートとして働くという形で、結局企業社会に吸い上げられることになります。

主婦たちが原水禁署名運動に立ち上がった背景にも、やはり電化製品による家事の省力化があるでしょう。五五年、雑誌『婦人公論』を舞台に主婦論争がおこります。電化製品の登場を背景に石垣綾子が専業主婦無用論を唱えたのがきっかけですが、杉並に住む評論家清水慶子は原水禁などの市民運動に立ち上がる主婦の存在をあげて、主婦有用論を展開しています。たしかに一日中家事に追いまくられる状況では、署名集めに走り回ることは不可能でしょう。だとすれば原水禁運動に熱心に取り組む女性たちが「平和利用」に反対するのはむずかしい。

五五年の神武景気を受けて、翌年の経済白書でいわれたのが有名な「もはや戦後ではない」です。「回復を通じての成長は終わった。もはや戦後ではない。今後の成長は近代化によって支えられる。それは経済成長率の闘い、生産性向上のせり合いである。（略）世界の技術革新の波に乗って新しい国造りに出発しなければならない」。

「技術革新」などという言葉はそれまで日本にはなかった。innovation をここで初めて技術革新と訳したわけですが、以後、近代化の柱である経済成長率、生産性向上を支えるものとして追求されることになる。それによって日本は高度経済成長に向かって駆け上っていきますが、その中で一次産業から二次産業へという産業構造の高度化が起こり、近代家族が成立する。歴史家の鹿野政直さんは近代家族を「社員・主婦システム」といっていますが、会社員の夫と専業主婦の妻という性別役割分担で構成され、女性のアンペイドワークを固定化する家族です。七〇年代に入って第二波フェミニズムによって否定されることになります。

原子力というエネルギーはそうした産業社会や都市化する近代家族の中にがっちり食い込んで行くわけです。脱原発をめざすにあたっては、たんに代替エネルギーの開発だけでなく、産業社会や家族のあり方の問い直しも視野に入れる必要があると思います。

（二〇一二年一月二一日ピープルズ・プラン研究所主催講座「運動史から振り返る原爆と原発」での報告（『ピープルズ・プラン』57号所収）に加筆訂正した。）

原爆表象とジェンダー

一九五〇年代を中心に

はじめに

一九四五年七月一六日午前五時二九分四五秒、アメリカ、ニューメキシコ州トリニティサイトで、人類史上初めて核兵器が誕生した。豪雨があがったばかりの大地を揺るがす巨大な火球に、開発を指揮したオッペンハイマーは、『バガバッドギーター』の一節「我は死なり、世界の破壊者なり」を思い起こしたと後に語っている。その「世界の破壊者」は、三週間後の八月六日、広島市上空六〇〇メートルで炸裂し、まさにおびただしい死をもたらした。さらにその三日後の八月九日に長崎にも投下され、投下後一週間に合わせて約一〇万人、四五年末までに二一〇万余の死者を出している。ようやく生き延びた人びとも白血病やガンといった後障害に倒れ、あるいはその恐怖におびえながら生きねばならなかった。まさに原爆は、量的にも質的にも究極の戦争被害といえる。

そうした悲惨な核被害にもかかわらず、その後日本の海岸には五四基もの原発が建てられた。そして二〇一一年三月一一日、その一つ、福島第一原発に激甚な事故が起こった。大地も海も汚染され、人びとは厳しい避難生活を余儀なくされている。なぜ被爆国日本が原発大国になったのか？　事故後この疑問が国の内外でまきおこった。本稿ではメディアにおける原爆の表象をジェンダーの視点で分析することから、この問いについて考えてみたい。

対象は原爆投下直後から五〇年代までほぼ一五年間の新聞、映画、マンガ、記念碑等である。この時期の前半は占領下の報道統制により、原爆報道は禁止されていたというのがこれまでの通説だった。しかし最近の研究により、膨大な原爆報道の存在が明らかになった。後半は原子力の平和利用、つまり原発導入が現実化していった時期であり、同時に、一九五四年三月、アメリカの水爆実験により日本のマグロ漁船が被曝したことから原水爆禁止運動が大きく盛り上がった時期でもある。原発導入と原水爆禁止運動は同時進行していたわけだが、何がそれを可能にしたのだろうか？　それを検討することは、なぜ被爆国日本が原発大国になったかを考えることでもあるだろう。

1　占領下、報道統制と原爆のプラスイメージ

広島への原爆投下が日本の新聞で最初に報じられたのは、『朝日新聞』では投下翌日の八月七日。「広島を焼爆」という五行記事だが、翌八日には各紙が「新型爆弾」の「相当の被害」を伝えるとともに「残忍性露呈」とアメリカを非難している。『朝日新聞』も「敵の非人道、断固報復」（八月九日）、「国際法規を無視せる　残虐の新型爆弾」（同一一日）と、残虐性を強調している。降伏後も九月はじめまでは、廃墟になった広島の写真付きで原爆の威力を説明する記事がある。

敗戦国日本でSCAP（連合軍総司令部）の占領政策により、報道統制が開始されるのは九月中旬である。検閲の中心となったのは対敵諜報部（Counter Intelligence Section CIS）におかれた民間検閲支隊（Civil Censorship Detachment）である。九月一九日にはPress Cord（新聞紙法）が発令され、占領政策への批判とともに原爆報道はすべて禁止とされていた。これに対して堀場清子は、メリーランド大学プランゲ文庫資料の調査にもとづき、検閲による処分は「少なかった」と結論づけている（『原爆　表現と検閲』朝日選書　一九九五年）。最近、早稲田大学二〇世紀メディア研究所の加藤哲郎らがプランゲ文庫のデータベースを

検証した結果でも、それは裏づけられる。占領下、検閲をクリアした報道は大量にでまわっていたのだ。例えば『朝日新聞』は一九四六年一月二二日の社説で「原子力時代の形成」、四七年九月一〇日社説で「原子力の平和的利用」を掲載、四八年二月二九日には「原子力に平和の用途」をのせ、原子力は爆弾以外にアイソトープなど平和的に利用できるすばらしいものだとしている。「原子力の平和利用」は敗戦直後からマスコミに登場していたのだ。

原爆のキノコ雲もアレンジされてメディアに登場している。ニューメキシコでの初の原爆実験成功からほぼ一年後の四六年七月一日と二五日、アメリカはビキニ環礁で原爆実験を行った。クロスロード作戦である。これについて『週刊子供マンガ新聞』四六年八月四日号は、「フクチャン」の横山隆一のキノコ雲のマンガ付きで「原子爆弾の試験が行われ

図1『週刊子供マンガ新聞』1946年8月4日号

ました」と報じている（図1）。「廣島、長崎の二つの原子爆弾が投下されてから一年、いま、世界の人の目はこの実験にそそがれました。実験の結果はよさう通りひじょうに力をもっていました。十七の軍艦や船が、またたく間に沈没したり、大破したりしました。たくさんの実験用動物が死にました」。しかしマンガの下の文章には、実験動物にされた豚が一匹、二七時間も海面を漂い、ついに助けられたとある。「ブタ君の海水浴はおもしろいですね」と、原爆の破壊力に対する子どもたちの想像力はユーモアの世界に誘導されている。

ちなみに、水着のビキニはこの原爆実験を受けて、フランスのデザイナー、レアールが露出度の高い水着に名付けたものである。原爆はセクシャルなパワーに結びつけられたのだ。

『昭和広告60年史』（山川浩二　講談社　一九八七年）によれば、四六年にでたトンボ鉛筆の広告では、「原子爆弾は！」という大きな字の下に「建設の為の破壊に使用された。全人類の幸福、世界平

図2

和の為に!!　そして限り無き文化の前進は続けられてゆく。云々」とある（図2）。

　四八年の地方紙に載った風邪薬「ピカトン」の広告も、原爆の威力を借りたものである。そこには原爆のキノコ雲が描かれている。占領下、プレスコードにより原爆の惨状は報道できなかったが、威力あるもの、すごいものの象徴としてプラスイメージで使われていたということだ。

2　原爆報道解禁——「原爆一号」から「原爆乙女」へ

　日本の一般大衆が原爆の惨状を目にしたのは五二年四月二八日の独立後だった。SCAPによる報道統制は四九年一〇月のCCD廃止により緩和され、五〇年より丸木位里・とし「原爆の図」の巡回展示も行われているが、目にする人は限られていた。それに対して、独立後初の原爆記念日を期して発売された『アサヒグラフ』八月六日号（図3）は、表紙は平和大橋を背景に微笑む女性だが、本文では無惨に焼けた

図3『アサヒグラフ』1952年8月6日号

だれた被爆者を真正面からとらえ、衝撃を与えた。その反響は大きく、四回にわたって増刷して総計七〇万部に達した。同じ日付で『岩波写真文庫　広島』も刊行され、人びとは初めて見る原爆の惨状に息をのんだ。

しかし原爆の威力には、熱線、爆風、放射能の三つがあり、さらに放射能被害には急性のものと晩発性のケロイドや白血病、ガンといった後障害がある。『アサヒグラフ』や『岩波写真文庫』にとらえられた被爆者の惨状は爆発時の熱線、爆風、急性放射能障害による。その人びとの多くはこの時期までに死亡していると思われるが、生き延びた人びとはケロイドや後障害に苦しんでいた。広島では七年目の白血病、一〇年目のガンといわれるが、五〇年代はじめから原爆症（白血病）が多発した。当時は原因がわからないまま、ブラブラ病、怠け病などとよばれることもあった。

白血病が外目にはすぐにはわからないのに対して、ケロイドは人目につく。五〇年代前半、まず原爆表象になったのはケロイドだった。それを自ら担ったのは「原爆一号」とよばれた吉川清である。彼は被爆で背中に大やけどし、日赤病院に入院していたが、四七年、訪問したアメリカのジャーナリストに背中一面のケロイドを撮られ、「ATOMIC BOMB VICTIM NO1 KIKKAWA」として、『ライフ』、『タイム』に掲載された（図4）。そこから「原爆一号」と呼ばれるようになり、被爆者の代表としてしばしばマスコミに取り上げられた。

図4『ライフ』の「原爆一号」写真

彼自身も、原爆を売物にすると批判を浴びながら、ことあるごとにケロイドの背中をさらして被爆の苦しみを訴えた。当時、被爆都市広島と長崎の違いとして「怒りの広島・祈りの長崎」といわれたが、吉川は自己主張する被爆者であり、「怒りの広島」の象徴だった。

一九五二年五月、ケロイドによる新たな原爆表象が登場した。「原爆乙女」である。原爆投下当時、広島の女学生たちは勤労動員されていたが、上級生が郊外の工場に動員されていたのに対し、一、二年生は市内の強制疎開の片付け等に動員されていた。彼女たちは直接熱線を浴び、露出した顔や手足に大やけどを負った。それはやがてケロイドなって少女たちを苦しめた。彼女たちは人目を避けてくらし、わずかに谷本清牧師が主催する流川教会の集まりで同じ仲間と痛みを分かち合ったりしていた。五二年五月、広島で開かれた文藝春秋講演会に参加した作家真杉静枝は、谷本牧師の要請で彼女たちに会い、「そのむごたらしい、原爆火傷のダニは彼女たちの顔にちゃんと吸いついたまま七年間歩いてきている」ことに衝撃を受けた。しかも彼女たちは、いまや「花嫁準備の適齢期に入っているのだ。」(「廣島の少女達」『不死鳥の子』一九五二年より重引)

ケロイドがあっては結婚に差し支える。東京に招いて東大病院で整形手術を施そう。そう考えた真杉は映画界や文化人に呼びかけ、募金活動を開始する。五二年六月九日、九人の被爆女性が上京した。「原爆一号」吉川も同行した。以来マスコミは、顔にケロイドのある未婚女性を「原爆娘」「原爆乙女」と呼び、原爆被害の象徴としてクローズアップする。当初は「原爆娘」も多かったが、五三年二月、「原爆乙女」の一人佐古美智子作詞の「ほほえみよかえれ」が「原爆乙女の歌」として発表されてからは「原爆乙女」に統一される。

「冷たきさだめ　身に負うて　寂しく生きる　乙女子の　頬より消えし　ほほえみよ再びいつの　日にかえる」

「娘」より「乙女」の方が〈悲劇〉として消費するにはふさわしい。ポイントは「結婚」である。当初から新聞は「〃原爆娘〃一行今

原爆娘ら喜びの東京訪問
結婚期を迎えた十人
東大病院で整形手術
顔や手に悪魔の爪跡
原爆一号も同行

図5『読売新聞』1952年6月10日

朝入京　気にかかる結婚」（『読売新聞』六月九日）、「結婚期を迎えた十人　東大病院で整形手術　顔や手に悪魔の爪痕」（同六月一〇日、実際は九人）などと、「結婚」をキーワードに報道していた（図5）。「原爆一号」の吉川が「怒りの広島」の象徴として〈被害者〉性を逸脱するのに対し、彼女たちは「女の幸せは結婚」というジェンダー規範の枠内で、〈被害者〉性を表象することになったのだ。原爆表象は「原爆一号」から『原爆乙女』へシフトしていく。

それには批判も出ている。『毎日新聞』五二年八月四日には「原爆娘を宣伝に利用　吉川氏、谷本牧師に抗議」の見出しで吉川清の批判が掲載されているし、広島の作家斉木寿夫は『中国新聞』五三年八月一九日付けに「原爆乙女を解放せよ」を書いて、ケロイドのある若い娘を「原爆乙女」という名でひとくくりにし、原爆被害を訴える手段とすることを批判した。その理由は「乙女はニキビが一つあってもハズカしいのです。（……）顔を、人に見られること自体がハズカしいのです。その乙女の顔に、手に、足に、原爆のひきつれが、ケロイドが、痛ましくもあとをとどめているのです。エハガキのように公衆の面前にひっぱりだされて。彼女たちはどのような気持ちでしょう。」

ケロイドがあっては結婚できないという言説は、それ自体ジュディス・バトラーのいう言語遂行性の実践であり、「女の幸せは結婚」規範を反復強化するものだが、斉木の「乙女はハズカしい」も同様に、ステレオタイプ構築につながるだろう。

五五年、谷本牧師とアメリカのジャーナリスト、ノーマン・カズンズの努力により、広島の「原爆乙女」たちはアメリカの先進技術によって整形手術を受けることになる。前年五四年三月、アメリカの水爆実験により日本のマグロ漁船第五福竜丸が被曝したことから原水爆禁止運動が大きな盛り上がりをみせているさなかの五月二五日、二五人の「原爆乙女」が岩国の米軍基地から米軍用機で飛び立っていった。彼女たちはアメリカでは **Hiroshima Girls**、**Hiroshima Maidens** と呼ばれた。以後日本でも「原爆乙女」といえば、このとき渡米治療を受けた女性たちを指すようになる。

3　ケロイドから白血病へ

二五人の「原爆乙女」がアメリカに飛び立った五五年、白血病による死者が相次いだ。『中国新聞』二月一三日付けは「原爆症また少年奪う」の見出しで高校一年の少年の死を報じ、一二月四日付けは「今年一五人目の犠牲」として三一歳の男性の死を伝えている。東京でも、広島で被爆した成城高校三年の千葉亮が五五年五月、白血病で死亡した。彼についてでは、生徒たちが治療費の募金活動をするとともに、活動を広く全国に広げるため、プロの

図6　映画「無限の瞳」のタイトル

映画人の協力を得て二〇分のドキュメンタリー映画を製作した。「無限の瞳」である（図6）。映画では、校長から千葉の入院を聞かされた高校生たちが募金活動に立ち上がり、全国に運動を広げていく様子が描かれるが、結局千葉は映画の完成を待たず死亡した。完成した映画はワルシャワ青年平和友好祭に出品され銀賞を受賞、八月に開かれた第一回原水禁世界大会で三千数百人を前に上映されたという。

　しかしこの映画は、二〇一一年九月、「被爆者の声を受けつぐ映画祭」で上映されるまで忘れられていた。千葉亮という名前も人びとの記憶に残っていない。それに対して同じ五五年、千葉に五ヵ月遅れて同じ白血病で死亡した広島の佐々木禎子は集合的記憶となって、いまも生き続けている。彼女は二歳で被爆、ずっと元気で運動好きの少女だったが、五五年二月、白血病を発病。回復を願って病床で千羽鶴を折ったがかなわず、一〇月死亡した。一二歳だった。彼女が鶴を折ったのは、「無限の瞳」をみた愛知県の女子高生が佐々木禎子を励ますために送ったのがきっかけともいわれている。

　なぜ千葉亮は忘れられ、佐々木禎子は人びとの記憶に生き続けているのか。それには「原爆の子」像の存在が大きい。禎子の死後、級友たちは二度と彼女のような犠牲を出さないために記念の像の建設を思い立ち、募金活動を行った。像は五八年五月五日の子供の日、折鶴を掲げた少女の像として広島平和公園の中に建てられた（図7）。ここにはいまも全国の子どもたちから寄せられた折鶴がうずたかく積まれている。そこに紡がれる共同性の物語は普遍性を持ち、「サダコ」物語は様々な国で翻訳・刊行されている。

図7　広島平和公園に建つ「原爆の子」像

「無限の瞳」と「原爆の子」像はともに級友による募金活動の成果だが、死に終わる暗いドキュメンタリー映画と平和の象徴として造形された少女像では一般の受け止め方はちがう。一二歳の少女と一八歳の青年というジェンダーの問題もある。まだ性的成熟には遠い一二歳の少女は〈無垢なる被害者〉を表象するのに最適であり、そして少女が掲げた折鶴はその被害を空に向かって昇華する。

「原爆乙女」との対比においても、「原爆乙女」がケロイドという黒々とした戦争の傷を突きつけるのに対し、白血病で

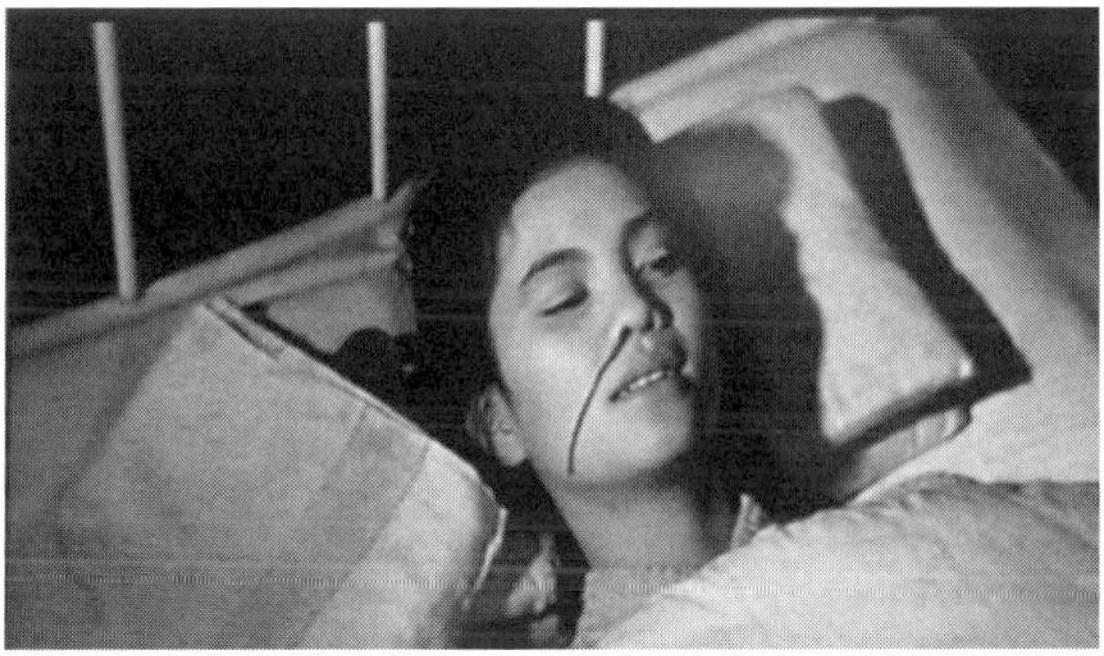

図８　白血病で死ぬヒロイン（純愛物語）

死んだサダコのイメージは透明で汚れがない。それは戦争被害を昇華し、復興への道をひらく。「原爆の子」像がたてられた五八年五月、広島市は復興大博覧会でわいていた。四月一日から五月二〇日までの会期中に会場の原爆資料館を訪れた広島市民は九二万という。

佐々木禎子の死を契機に原爆表象は原爆乙女からサダコへ、ケロイドから白血病へとシフトしてゆく。このあと制作された原爆ものの主人公は白血病の少女が定番となる。五七年に東映で制作された今井正監督の「純愛物語」はスリのグループにいた戦災孤児の少年少女の純愛物語だが、中原ひとみ演ずる光子は広島の被爆者で、更正に向かう矢先に白血病を発病し、死んでしまうのだ。その死の床では白くすきとおった少女の顔に赤い鼻血が線を引く（図８）。五九年刊行の白土三平のマンガ『消え行く少女』では、広島で被爆した孤児・雪子が強制連行の朝鮮人に助けられながらも、結局白血病で死んでゆく（図９）。「消え行く少女」というタイトルや雪子という主人公の名前は、白血病患者のはかなくも無垢

図９　白土三平作『消え行く少女』1959年

な被害者性を表している。

七二年に連載を開始した「はだしのゲン」には白血病死する男性も登場するが、表象における白血病患者はほとんどが女性である。五二年、新藤兼人監督による映画「原爆の子」、翌五三年の関川秀雄監督「ひろしま」でも同様だった。「原爆の子」では乙羽信子の教え子の少女の一人が白血病だったし、「ひろしま」の高校の教室で白血病で倒れるのは女生徒・みちこだった。実際は「無限の瞳」の千葉亮や『中国新聞』の報道にみられるように、男性の白血病死も相次いでいる。しかし表象、それも大衆的なイメージを喚起するメディアにおいては白血病はつねに女性化されていた。それは六〇年代以後の原爆作品、井伏鱒二『黒い雨』やテレビドラマ『夢千代日記』に受け継がれてゆく。

一九五〇年代、原爆表象は「原爆一号」から「原爆乙女」へ、さらに「サダコ」へと女性性をつよめることで、無垢なる被害者性を構築してきたといえるだろう。そのことはかつての戦争における日本の侵略性・加害性への無自覚さ、忘却・隠蔽と無関係ではあるまい。

4　原水禁運動と原発導入の同時進行

そして五〇年代半ばから、現実の世界では原水爆禁止運動が大きく盛り上がっていた。その担い手は女性たちである。一九五四年三月一日、アメリカがビキニ環礁で行った水爆実験により日本のマグロ漁船第五福竜丸が被曝した。それを知った東京の主婦たちは原水禁署名運動に立ち上がり、運動は全国に広がった。さらに五四年秋、婦団連会長平塚らいてうが国際民婦連に「原水爆反対日本婦人の訴え」を送ったことから、五五年七月、スイスのローザンヌで世界母親大会が開かれることになり、六月、その代表選考をかねて日本母親大会が開催された。これには全国から二〇〇〇人の母親が駆けつけ、三日間にわたって開かれたが、戦中戦後の苦労が堰を切ったようにあふれだし、「涙の母親大会」といわれた。ここにも戦争被害の女性化がある。

しかし戦後の民主改革を経た女性たちは、ただ涙に暮れていたわけではない。平和を守るのは母親という認識のもとに、翌五六年から母親大会は「生命を生み出す母親は、生命を守り、生命を育てることを願います」をスローガンに掲げ、平和運動の中心となっていく。原水禁署名は五五年八月までに、国民の三分の一以上という三二〇〇万が集まった

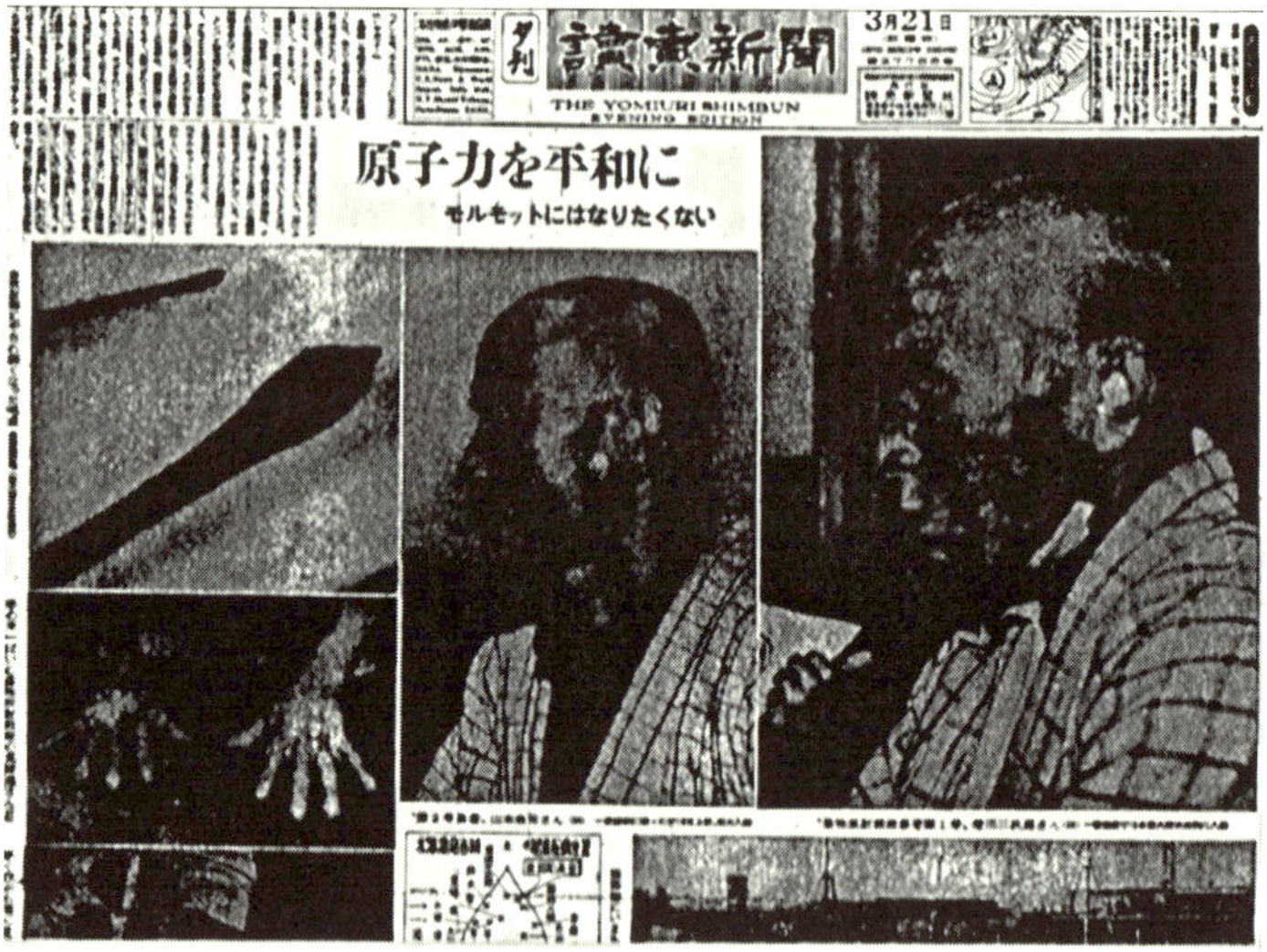
夕刊 読売新聞
THE YOMIURI SHIMBUN EVENING EDITION
3月21日

原子力を平和に

モルモットにはなりたくない

図 10 『読売新聞』1954 年 3 月 21 日夕刊

が、これには全国地域婦人団体連合会等の女性の力が大きい。広島では集まった一〇〇万の署名のうち八〇万は県婦連の力によるといわれている。

こうした原水禁運動の一方で、原発導入は着々と進行していた。ビキニ事件の前年五三年一二月、アイゼンハワー米大統領は米ソ冷戦を背景に、西側陣営を固めるため「原子力の平和利用 Atoms for Peace」を打ち出した。いち早く日本で呼応したのが国会議員中曽根康弘であり、読売新聞オーナーの正力松太郎だった。中曽根はビキニ事件の直後、まだ日本では被曝の事実が知られていない三月四日、二億三五〇〇万円の実験原子炉製造予算案を国会に提出した。そして『読売新聞』三月二一日夕刊は一面全紙を使って「急性放射能患者第一号」などとして漁船員の横顔や手足の写真を載せているが、その見出しは「原子力を平和に」である（図10）。記事では、モルモットにされたくないという被害者の声を伝えたあと、次のようにいう。「しかし、いかに欲しなくとも、原子力時代は来ている。近所合財みながこれをやるとすれば恐ろしいからと背を向けているわけには行くまい。克服する道は唯一つ、これと対決することである。／恐ろしいものは用いようで、すばらしいものと同義語になる。その方への道を開いて、われわれも原子力時代に踏み出すときが来たのだ。」

ビキニ事件の悲劇はかえって原子力推進の根拠にされている。正力は五五年二月に衆議院議員になり、国策として「原子力の平和利用」推進をはかる。アメリカからの濃縮ウラン提供は一一月に調印され、一二月には原子力基本法など原子力三法が成立、五六年一月には原子力委員会が設立され、正力が初代委員長になっている。そして五七年八月、茨城県東海村の原子力研究所で初の「原子の火」がともった。

おわりに

こうした原水禁運動と原子力発電導入の同時進行を可能にしたのはまずはキャンペーン

の力である。被爆国にもかかわらず、ではなく被爆国として被害を受けたからこそ、その威力を「平和利用」して豊かな生活をといったキャンペーンが『読売新聞』をはじめとしたマスメディアで強力に展開された。しかしそれだけでなく、ジェンダーの問題も関わっているように思える。それをうかがわせるのが『中国新聞』五五年七月七日付けの「原爆禁止と平和利用」である。それによれば、七月四日、広島市で開催された原子力平和利用に関する学術講演会に一五〇〇余という記録的な聴衆が参加したが、そこには女性の姿はほとんどない。それに対して、昨年来開かれている原水爆禁止集会は女性ばかり。「一口に言って原子力の平和利用は事業であり、原水爆禁止は心情の訴えである」。「心情」だからといって感傷と片付けてはいけない。「でっかい財布を持つ工業界のラッパに押され」ることなく、放射能の危険に対する女性の「心情」に配慮せよ、としている。

「平和利用」という「事業」に突っ走る男たちに釘を刺す内容だが、ともかくここには「平和利用」は男性、原水爆禁止は女性というジェンダー分業がみえる。これは広島だけのことではない。五五年五月に読売新聞主催で、日本工業倶楽部と日比谷公会堂で開催された「原子力平和利用講演会」の写真を見ても、会場いっぱいの聴衆の中に女性の姿は見えない。その一方で、女性ばかりの母親大会がほぼ同時期に開かれているのだ。

一九五五年は高度経済成長の起点とされる時期である。それに伴って、男は外で働き女

図10　本郷新作「嵐の中の母子像」1960年

は家で家事育児というジェンダー分業で成り立つ近代家族が一般化する。男性は「平和利用」という産業化、女性は平和運動という分業はそれと相似形をなす。近代家族のジェンダー分業が産業社会維持に資するのと同様に、「平和」を女性に特化したこの分業は「平和利用」という産業発展を推進する。

それは戦争被害の女性化と無縁ではない。究極の戦争被害である原爆被害の女性化は「平和」の女性化をもたらす。一九六〇年、広島市婦人会連合会によって、原爆資料館（平和祈念資料館）の前に「嵐の中の母子像」（図10）が建てられた。それは母親大会のスローガン「生命を生み出す母親は、生命を守り、生命を育てることを願います」の形象化である。

原爆表象をジェンダーの視点でみるとき、「原爆一号」から「原爆乙女」へ、さらに「サダコ」へと〈無垢なる被害者〉性を高める中で戦争を昇華し、高度経済成長の道を駆け上ってゆく戦後日本が浮かび上がる。それは原発大国への道でもあった。

（二〇一二年二月一〇日、敬和学園大学「戦争表象とジェンダー」研究会での報告をもとに加筆訂正した。）

II

反核運動と女性

女がヒロシマを語るということ

わたしの八月六日

五〇年前の八月六日当日、わたしは広島の二葉の里というところに住んでいました。広島駅の裏のあたりなんですが、爆心からの距離は二キロくらいで——わたしの持っている被爆者手帳では、一・九キロになったり、一・八キロになったり、——三年に一回更新するたびに違ったりするんですが、まあともかく二キロ以内で被爆したということです。

そのときわたしは、五歳と二〇日目の子どもでした。ですからわたしの被爆体験は、子どもの体験、それも小さな子どもの体験です。小さな子どもの体験であるということはどういうことかというと、まず、子どもの目の高さは大人の目の高さとはうんと違います。せいぜい大人の腰ぐらいの高さから被爆の惨状を見ているわけです。ですから、見えているものはおのずから限られます。

そういう視点の問題とは別に、五歳の子どもには人生体験というものがほとんどありません。人生体験がないということは、生きるということの意味がわかっていない。したがって死ぬということの意味もわかっていないということです。わたしは被爆後二週間くらい広島で暮らしましたが、その間おびただしい死体を目にしました。けれどもその死体が意味するものを、非常に即物的にしか受けとめていない。つまり死体は死体でしかない。石ころと死体の間にそれほどの違いを感じていませんでした。

井上光晴という作家の長崎の被爆をテーマにした「TOMMOROW」という小説――これは映画化もされましたが――を読んで、そのとき改めてはっとしたんですが、明日、長崎に原爆が投下されて焼け野原になって死んでしまう人たちの、その前日の日常生活、そこには恋もあれば喧嘩もある。出産を控えた人もありという生活があるんですね。それが原爆によって絶ち切られてしまう。だけどわたしは五歳の子どもですから、死体のひとつひとつにそういう人生があるということがわからない。ただ即物的な死体というふうにしか受けとめていません。そういう者の体験としてお聞きいただければ、と思います。

八月六日の朝、警戒警報が鳴ったのを覚えています。当日うちが町内会の組長でもしていたのか、警戒警報が出ましたという旗をわたしが表に出しました。それからすぐあとに警戒警報が解除になったというサイレンが鳴ったので、その旗をとりこんで何の危険も感じないで外に遊びに行きました。すぐ近くに鶴羽根神社という神社があって、その境内が子どもたちの遊び場になっていました。そこにかっちゃんがいたので、一緒に遊んだのです。

トンボがいて、そのトンボが原因だったのかどうかはっきりしないんですが、かっちゃんと喧嘩になった。もうあんたなんかとは遊ばんということになって、私は境内を去って、わが家の裏の木原さんというお宅に行きました。木原さんのお宅にはミチコちゃんという女学校一年生、今でいうと中学校一年生のお姉ちゃんがいて、私をかわいがってくれていたんです。ミチコちゃんは勤労動員でいなかったんですが、おばちゃんがうちにあげてくれて、箪笥の上に着せ替え人形の箱があるのをおろしてくれたそのときにピカッときた。これは非常に鮮明に覚えています。

夏ですから戸が開け放たれていて、部屋の外に小さな濡れ縁があって、庭の向こうに波板のトタンの塀があったんですが、それがピカッときたと同時に、わーっと倒れこんできました。そのあとはもう何がなんだかわからない。どれくらいたったのか、もうもうとした砂塵の中から這いだしてみると、世界が一変していました。そのとき黄色いスフのワンピースを着ていたんですが、あとでみるとべっとりと血がついていました。でも痛いとかなんとかいうことは感じませんでした。そのとき母は自宅に居て、頭に怪我をしたんですが、わたしの無事な姿を見て抱きしめて、そのあと山に逃げて当日を過ごしたというわけです。

かっちゃんとミチコちゃんの死

そんなふうに私は木原さんの家に行ったために、屋内で被爆して直接熱線を浴びなかったんですが、かっちゃんは境内にそのまま残っていました。二、三日後にかっちゃんの家に行ってみたら、傾いた畳にかっちゃんが寝かされていて、焼け爛れた姿になって、痛いよ、痛いよと泣き叫んでいました。それを見て、わたしはすっ飛んで逃げたんです。その二、三日後に死んだということを聞きました。あのまま境内にいたら、わたしもああなったんだということが、あとになってじわじわっと来た。かっちゃんの死については、わたしの中に非常になまなましい記憶として残っているのはそのためだと思います。

かっちゃんの死は見ていないんですが、ミチコちゃんは息を引きとるところに立ち会っています。ミチコちゃんは女学生で、建物の強制疎開に動員されていて、一キロ以内で被爆したものですから、私はミチコちゃんが帰ってきたときを覚えているんですが、その姿を見たときに、あ、ジャガイモって思ったんです。広島の原爆資料館にいらっしゃった方は、白いセーラー服の女学生がずるっと手の皮がむけて、その皮をぶらさげている蝋人形にまず胸をつかれると思うんですが——わたしの子どもたちは、あそこに連れて行ってしばらくは、あの姿に夢でうなされたようですが——ミチコちゃんはあれほどひどく皮は垂れさがっていなかったんですが、ただ顔がジャガイモのような色をしていて、新ジャガが皮がこすれあってむけますね、ああいうふうに皮がむけていたのを不思議な気持ちで見ました。

ということはなんとか生きてうちまで辿りついたということなんですが、その翌日の朝だか、翌々日だかに、今ミチコちゃんが息を引きとるというので、母に引きずられて木原さんちに行ったら、もうジャガイモじゃなくてドッヂボールなんですね。顔がパンパンにふくれて、まさに焦げ茶色の皮のドッヂボールのようにふくれて目も鼻口もどこにあるのかもわからないようになっている。末期の水というんですか、おばちゃんが羽根を水に浸して口とおぼしきところをなでてやっている。人が息を引きとるときにはこういうことをするのかという最初の体験でした。

わたしの父は、当日朝七時半頃でしたか、勤め先に出かけて、それきり消えてしまいました。父の死については、私はなかなか信じられず、どこかからひょっと出てくるんじゃないかとずっとあとまで思ったものでした。

黒焦げの死体というのは、もういやになるくらい見ました。九五年一月の阪神大震災のあの黒煙を噴きあげる映像を見て、山に逃げたあと、目の下の広島駅が黒煙をあげて燃えていたのを思いだしました。焼け跡の映像も広島の記憶に重なるんですが、ただ阪神大震災の映像で違うなと思ったのは、死体がないんですね。五千何百人も亡くなったんですから、焼け跡に死体がなかったはずはない。ある種の情報操作があったということでしょう。広島の場合は、目の前に死体がごろごろ転がっていました。私はその死体になんの恐怖も痛みも感じないで、ただ、首のつながっている死体か、そうでない死体かということだけが気になりました。大きくなってから考えてみると、五歳の女の子が黒焦げ死体のそばを、首がつながっているかいないかだけを気にして通るなんて、それ自体とんでもなく悲惨なことだと思います。

筋子の妄想

被爆直後の体験というのはそれくらいしかないんですが、今日のテーマである女の視点で被爆体験を考えるということになると、これまでわたしはとくに女の視点で考えるということをしてこなかったんですけれど、こういう機会を与えていただいて、あらためて考えてみると、やはり女ならではなかったかと思うことがいくつかあります。

わが家は、父が亡くなりましたし、家も崩壊しましたし、広島の出身ではなかったので親戚もなにもなくて、とても広島では暮らせないので、一九四五年秋に母の実家のある香川県にもどって、善通寺という町で高校卒業まで過ごしました。町の人たちは、原爆はもちろん、空襲の体験もないんですね。県庁所在地である高松には空襲があったんですが、だいぶ離れていますから、美しい花火みたいに見たという人たちの中で広島の体験を語りあう機会もありませんでした。ただ爆弾の特殊性については知っていたと思います。被爆後訪ねて来た女性が、こんなに髪の毛が抜けるのよと言って、ごっそり抜けたのを見せてくれたことがありますが、それから何日かして亡くなったということを聞いて、これは今までの空襲とは違う、薄気味の悪いものだということはわかっていたと思うんです。

わたしは小学校の四年生のときに、具合が悪くて学校に半分くらいしか行っていないんです。それで祖母がこれは名前が悪いんじゃないか、ということで姓名判断をしてもらいまして、わたしは実紀代という名前を、光と書いてミツと読ませる名前に変えられたんです。非常に非科学的なことなんですが、今思うと、祖母や母には、原爆と結びつける思いがあったのかもしれません。でもそう言ってしまうと恐ろしいことになるんで、あえてこの子は名前が悪いんだ、名前を変えることで元気になるんだ、と思おうとしたんではないか。ですからわたしは、小学校の途中から中学時代は光という名前です。中学の卒業証書は光という名前で貰っています。

大学生のとき、原因不明でからだの調子が悪いことがありました。いつ頃被爆者手帳を持つようになったのか覚えていないんですが、被爆者手帳を貰うには、証明してくれる人が二人必要とか、けっこう面倒な手続きがいるんですが、母がやってくれて、送ってくれたんです。これを持っていればからだの調子が悪くなってもただで診てもらえるからということで。それで一度ちゃんとしたところで診てもらったらと言われて、わたしは京都だったもんですから、京大病院に行ったんです。そうしたら、医者がすごく嬉しそうな顔をするんですね。被爆者手帳を見て、これぞモルモットが来た、という感じ……。わたしの思いすごしかもしれないんですが、医者の立場に立てば、これを追及していけば、論文の一つも書けると思ったということがあり得ないことではないと思うんです。そういう見られかたがすごくいやで、そのあとあまり行かなくなりました。ということは行く必要がないほど健康を維持していたということでもあります。

女性ということで改めて考えると、やはり結婚、出産ということですね。わたしは鈍感な人間ですし、けっこう世の中を強気で渡ってきたのかなと今にして思うんですが、やはり被爆ということを直視すると怖いですから、なるべく自分の人生をそれと結びつけて考えないようにしてきました。でも一〇年ほど前に夫から聞いて怒ったことがあります。わたしは職場結婚なんですが、結婚前にその会社の社長が、よくわたしと結婚する決心したなあ、えらいねえ、と夫に向かって言ったというんですね。被爆者の女なのに、ということでしょう。わたしは、夫にヒューマニズムで結婚してもらったとはまったく思っていませんでしたが、でもそれが一般的なみかたで、わたしが気がつかなかったか、あえて目をそらしていたかだと思うんです。

最初の子どもを生むときは恐怖に襲われました。でもその恐怖を言葉に出すと、言霊というか、それが現実になってしまうんではないかという気がして口にも出せない。お腹で子どもが動くようになってから、変な妄想にとらわれるようになりました。わたしのお腹の赤ん坊は人間の形はしているんだけれども、中は筋子みたいなブツブツがつまっている、つまり人間の形をした筋子みたいなのがわたしのお腹の中でうごめいているというような、どうしてそんなことを思うようになったのかわからないんですが、生まれるまでそういう妄想に悩まされました。

ともかくそうではない人間の子どもが生まれてきてほっとしました。そのとき母や夫の母もいたんですが、あとで母から聞いたところによると、医者から五体満足なお子さんですって言われたとき、夫の母があぁーよかった、って言ったというんですね。やはり密かに、差別的かもしれませんが、五体満足じゃない子どもが生まれてくるという可能性をなにがしか感じていたんだけど、それを言わないでがまんしてた、ということだと思います。だからああよかった、という吐息になって現れたんだと思うんですね。

体験としてはその程度のもので、二キロ以内で被爆した者としてはラッキーなほうです。もっとなまなましい体験を含めて女の被爆ということを考えたらもっと違うものが出てくるのではないかと思います。

ヒロシマの二重性

戦後五〇年の節目の今年、アメリカのスミソニアン博物館で原爆被害の展示が中止に追いこまれる、フランス、中国の核実験が続くというのですごくショックでした。なぜヒロシマの体験が人類の教訓として生かされなかったのかを考えるとき、原爆体験の語りの〈量〉の問題と同時に〈質〉の問題があるだろうと思います。

わたしは、広島の体験というのを、ただ被害体験としてだけ語ってはいけないと、今まで自分に課してきました。たしかに広島は戦争被害のシンボルではありますが、戦前の広島は第五師団の所在地で、日本有数の軍都です。日清戦争のときには、明治天皇が大本営を設営するという、まさに侵略の最前線であったわけです。そういう日本近代の侵略の歴史における広島の位置と、そして最終的には被害の極限としてのヒロシマという二重性をきちんと踏まえたうえでの語りが十分になされてこなかった。もちろん軍都だから原爆を落とされて当然とは思いませんし、原爆投下は日本の侵略戦争を終結させたというアメリカの原爆肯定論はとんでもない誤りだと思います。ただ、当時朝鮮半島や中国の人たちがこれで自分たちは解放されると大喜びしたのも事実としてあるわけで、そういう人たちにもちゃんと届くような語りが不十分だったんだろうと思うんです。

わたしは戦争の悲惨さというのは、たんにその中で人が傷つき死ぬ、というだけでなく、傷つけ、殺し、そして自らも死なななければならないという被害と加害の二重性にあると思っています。ヒロシマも、二重性を背負わされています。それはたんなる被害、たんなる加害よりもっと悲惨なことだと思います。それをどうやってひらいていくのかと考えたとき、まだほんやりとした予感のようなものですが、女性の視点を入れることによって、被害、加害の図式をこえる新たな質をもったヒロシマが出てくる可能性があるのではないか。

平和運動と女性

ただそのとき気をつけなければならないのは、母性神話のワナにはまってしまわないようにすることです。女には母性本能がある、母は自分を犠牲にしても子を守るもの、愛するもの、というのは、女から無限の自己犠牲を引き出すために男が作った神話にすぎません。ヒロシマを語るにあたって母の悲しみが強調されるというのはこの神話にのっかっているからです。困ったことに女自身もこの神話を内面化して、それによっかかって運動を展開してきたということがあります。とりわけ原爆とか核の問題については、そうだったと思います。

戦後の女性運動をみますと、大きな盛り上がりを見せた女性の平和運動として母親大会がありますが、そのきっかけとなったのは、一九五四年三月、ビキニ環礁でのアメリカの水爆実験で、第五福竜丸が死の灰を浴びた、久保山愛吉さんが死に至る放射能を浴びたということです。そこから「三たび許すまじ原爆を」という歌ができたわけですが、それをきっかけに母親運動が起こりました。ということは、核の危険性というものを、女性が母親として受けとめたということです。その結果として、「生命を生みだす母親は、生命を育て、生命を守ることを願います」というスローガンが掲げられて、今に至っているわけです。

これは日本に特徴的なことかと思ったら、そうではなくて、実はこの「生命を生み出す母親は……」というスローガンは、ギリシャの女性詩人ペリディスの詩の一節だそうです。母親に仮託して平和を語る、反核を語るというのは、日本に特殊なことではなくて、近代における普遍的なものだったんだろうと思います。女を〈母〉と〈娼婦〉に分断して利用するというのは近代の特徴ですが、戦争の中でそれがもろに出ます。従軍慰安婦でセックス処理して「おっかさん」といって死ぬ……。

一九八六年のチェルノブイリ以後、原発は危険ということが明らかになりました。ヨーロッパでは女性を中心とした大きな反原発運動が起こりますが、日本でも一九八八年二月の四国の伊方原発の出力調整実験反対で、大きな盛り上がりを見せました。このときも「子どもを守るために」「母親として」というのがスローガンになりました。それをどう考えるか。

今回、女がヒロシマを語るというときに、男ではなく女が語る意味はなんなのか、どこにあるのか。まだちゃんとした答えが出ていないんですけど、核の危険性というのは、一つには戦闘員・非戦闘員を問わず殺傷するという無差別性。それが非常に大きいと思います。逆に非戦闘員である子どもにより多く障害が出ると塾う意味では無差別どころかとんでもない弱者差別かもしれません。

それと同時に永続性、被害の永続性ということですね。その被害は個体の限界を越えて、つぎの世代、そのつぎの世代に伝えられていくものであると。それで言えば、未来を担保にすることによってしか原発による〈豊かさ〉、〈便利さ〉の享受はあり得ないということです。

もっとも、これについては「障害者」から批判があります。チェルノブイリのあと、ヨーロッパでは中絶が急増したそうですが、その理由は「障害児」を産みたくないということです。現在の反原発の論理の中心にはこれがあります。それに対して、「障害を持つ人の人生を否定する」、「障害のマイナスイメージを固定する」として批判が出ていま す(堤愛子『「ありのままの生命」を否定する原発に反対」『女たちの反原発』労働教育センター一九八九年ほか)。

この批判はきちんと受け止めるべきだと思います。たしかに「五体満足」を願うことのなかに優生思想に通ずるものがないとはいえない。そしてもしも障害をもつ存在を「ありのままの生命」として受けとめ育くむ社会だったら、「障害児」を産みたくない、とは思わないかもしれない。一人一人中絶に走るよりも、そうした社会をつくるために女たちは力を合わせるべきでしょう。

しかし、世代を越えて被害を及ぼす放射能の問題性はやはり押さえておかなければならないと思います。障害のある子を「産みたくない」と思うことと、障害のある子を「ありのままの生命」として受け止めることとは矛盾対立するものではありません。障害のある子を「産みたくない」と思うことまで否定するのは無理があると思います。

しかも、放射能障害というのは、非常に目に見えにくいものです。外から見る限りは別にどうってことはなくて、だらだらして怠け病とか非難されたりするようなものですから、世代をこえた長いスタンスで被害を見る視点を持たない限り、核の危険性をきちんと見ることはできません。

これまで核に関して「母として」ということがとりたてて言われてきたというのは、そのことと関係があると思います。長いスタンスでいのちというもの、いのちの連なりというものを実感するのが、男よりも女であった。ただ、それは、女の母性本能とかによるのではなくて、〈産む〉という機能を持った存在として事実としてそうだったということです。しかし、にもかかわらずそこで母性神話と癒着してしまう。母性神話はマザコン男の作ったもので、マザコンと家父長制は共存する。広島に原爆を投下した米軍機の愛称はエノラ・ゲイですが、それはティボー機長の母親の名前です。母性と核兵器は共存しているわけですね。

いのちの連なりへの想像力を

しかし反核運動のほうも、母性神話にのっかって運動を展開してきたということがあります。だからこれから女が語るということに意味を見出すとすれば、それと同じではいけないと思います。じゃあどういう異なった視点をたてるのか。やっぱりいのちの連なりということは、どうしても手離せない、核問題を考える原点だと思うんです。

原爆ってなんだろう、核兵器ってなんだろうと考えてみたら、やはりヒロシマは、人類史にとっても地球の歴史にとっても、とてつもないことだったと改めて思います。

こういう計算があります。地球の誕生を大ざっぱにいって四六億年前とします。そしてその誕生の時点を一月一日午前〇時とし、現在を一二月三一日の夜中の一二時、除夜の鐘が鳴り始めた時とすると、人類が出現した約一〇〇万年前は一二月三一日午後一〇時六分、二〇〇年前の産業革命は午後一一時五九分五八秒六三という計算になるそうです。つまり一・三七秒前です。まして五〇年前のヒロシマは一瞬にも満たない時間ですが、その間に人間は地球環境を大きく変えてしまうようなことをしてしまった。場合によっては人類だけでなく地球生命が破滅するようなことをしでかしてしまった。

原発にしろ、原子の核分裂から巨大なエネルギーを取り出すわけですね。私の不確かな科学的知識で考える限り、原子というのは、あらゆる物質だとか、私たちの生命もそうかも知れないんですけども、それをどんどんどん還元していくと、分子があって、それをまた還元していくと原子になる。ウラニウムという物質は原子の核に中性子をぶち当てて分裂させると巨大なエネルギーが発生する。それが核エネルギーなんだろうと思うんです。いずれにしろ全体性をもった物質とか、全体性をもった生命というものをどんどんどんどん分解して、アトム化という言葉がありますけれど、まさにアトムにしていく、そこから巨大なエネルギーを取りだすのが核兵器であり原発だとすれば、それはいのちの連なりとか、生命の全体性とかを真っ向から否定するものではないかと思います。生命の全体性とか自然のサイクルとか、そういう地球が何億年もかけてはぐくんできたことをほんの一瞬にもみたないヒロシマを契機に真っ向から否定している。これはあまりにも傲慢ではないでしょうか。

それは核エネルギーだけでなく遺伝子操作とかバイオテクノロジーとかもそうですが、いうならば〈神の領域〉への侵犯といえるでしょう。それによって子どもがもてるとかのメリットもあるし、極限をきわめたいという人間の知的欲求はそれ自体は認めます。でもそれを野放しにしたら地球の将来になにをもたらすか、誰にもわかりません。

メアリー・メラーというイギリスのフェミニストは、いま女たちは家父長制よりも家子長制を批判・解体すべきだといっています（「フェミニズムとエコロジーの課題」『リプロダクティブ・ヘルスと環境』工作舎　一九九六年）。つまり現代の男たちは「家父長」ではなくて「わがまま息子」のようなものだと。家父長は善かれ悪しかれ少なくとも家族に対する責任感はある。それに対して「わがまま息子」は自分の好奇心を満足させることしか関心はない。同様にいま男たちはオモチャをもてあそぶようにハイテクを駆使して、やりたい放題、地球の未来がどうなろうと知ったことではない、という感じです。

我慢すること、禁欲することを知っているのはやはり男よりは女だと思います。それはジェンダー、歴史的社会的に強いられたものではありますが、それだけでなく、月々血を流し、産むという生物学的機能を持つことによる部分もあると思います。無責任な家子長制が地球を破壊しかねない状況の中では女たちは抑制・禁欲の価値を積極的に男たちに提起していくべきではないかと思います。

また女は、体内で精子と卵子、それ自体さまざまな物質でつくられているのでしょうけれど、それを合成していのちをうみだす機能を持っています。生命はそれ自体、障害があろうがなかろうがどんな生命も一つの全体性を持った小宇宙だと思います。そういう小宇宙を体内にはらんで女は生命の連続性を紡いでゆく。たまたまそういう機能を持っています。

でもそれは決して女だけが独占するものではない。女たけが育てるものでもなく、女だけが産むものでもなく、そういういのちの全体性みたいなものに、男を引きこんでいくための突破口としてまず女が言うということです。男は純対に気がつきませんから。

戦後五〇年たったいま、女がヒロシマを語るということは、たんにこんなことがあったと被害体験を語ることではなくて、ヒロシマが生命と地球の歴史にもった負の意味を踏まえて、科学技術バンザイの人間の傲慢さがもたらしたものをも明らかにしていくこと、それによってヒロシマを未来への啓示として立て直すことではないでしょうか。

（『女がヒロシマを語る』インパクト出版会　一九九六年）

反原発運動と女性

柏崎刈羽原発を中心に

鉛色の海に、とがった波頭が牙をむき出すように立ち上がっては砕ける。その上を粉雪が斜めに走って波しぶきとまじり合う。初めてみる冬の日本海は想像以上のきびしさだった。

しかしもっと不気味なのは、海岸のむこうにそそり立つ何本もの鉄塔である。赤白に塗りわけられているのは送電用で、強烈な光が点滅している灰色の鉄塔は排気筒らしい。新潟県柏崎市と刈羽郡刈羽村にまたがる東京電力柏崎刈羽原子力発電所である。ここには炎も黒煙もない。悪臭も粉塵もない。その意味ではまさにクリーンだが、神経を突き刺す光の点滅は、原発という巨大技術の不気味さを象徴しているようにわたしには思えた。

一九八五年、反対運動を押し切って一号機が運転開始して以来一〇余年、すでに五基の原発が営業運転している。つくられた五五〇万キロワットの電気は、赤白の鉄塔に張られた超高圧線によって野こえ山こえ本州を横断し、首都圏に運ばれている。神奈川に住むわたしの暮らしのある部分も、ここでつくられた電気に支えられているのだろう。

いま日本の電気の三〇％は原発によるという。その上に九六年一月二九日、六号機が試運転を開始した。七号機も九七年七月に運転開始予定という。そうなれば総発電量八二一万キロワット、世界最大の原発ということになる。

こんな人家に近いところに、こんな巨大な原発をつくるなんて正気の沙汰ではない、とわたしには思える。事故が起こったらいったいどうするのだろう。市が出した『万一の時に備えて――原子力防災のしおり』には、「屋内退避・コンクリート屋内退避・避難等」の三段階の対策が絵入りで示されているが、そんなことでほんとうに放射能が防げるのだろうか。柏崎原子力広報センターや刈羽村役場には放射能測定値などを示す大きな表示盤が設置されていたが、近くの女性たちは、事故が起こったらなるたけ放射能をいっぱい浴びて、あっさり死のうと話しあっているという。

七〇年代初め、柏崎は原発反対運動の輝かしい先達だった。しかも女性たちが運動の前面に立ち、激しい闘いを展開した。

「新潟県柏崎市では、原子力発電所建設計画に、農家の婦人達は身の危険をおかしてまで強い反対行動を起こした。新潟県知事が建設計画の詳細を説明する会議を開いたとき、主婦達は知事に向って原発建設反対を叫び続け、会議はお流れとなり、知事も退場せざるをえなかった。結局この計画は、行政命令で強制されたが、女達の強い反対で数年間もその実行は遅れた」(松井やより「反公害運動に立ち上がる女たち」『日本の女は発言する』一九七五年一一月)

わたしが柏崎を訪れたのは、この数行を目にしたからだった。しかしここに見える力強い女たちと、「できるだけ放射能をいっぱい浴びて……」という発言との間の落差は大きい。いったい何がこの落差を生み出したのだろう。

一九九六年二月、二〇年前に原発反対運動の最前線に立った元気な女性たちからお話をうかがうつもりで柏崎を訪ねたわたしは、新たな問いの前に立たされることになった。

原発反対運動のなかの女たち

「いま原発が建っているあたりは砂丘地帯で、グミ林があったんですよ。浜グミといって、大きな黄色いグミがなるんです。とても甘くてね……」

柏崎市荒浜で一人暮らしをしている池田かね代さん(一九一五年生れ)は、そう言って目を細める。かね代さんの亡夫米一さんは菓子職人で、菓子の製造販売をしていた。戦中戦後の砂糖がないときは商売にならず、舅がやっていた漁でなんとか食いつないでいた。かね代さんも地曳を手伝ったが、鯛網のときなど仕掛けをしてから一時間ぐらい余裕がある。そういうときは一目散に山に駆け上がってグミを採ったという。

「それが楽しみで……。キタケという茸も採れましたね」

その砂丘地帯に原発の建設計画が明らかになったのは一九六八年だった。それ以前から田中角栄の関連企業によって土地買収が進められ、「自衛隊誘致」が取り沙汰されていた。この地域は新潟三区、田中角栄のお膝元だった。これまでも彼は企業を誘致するなど「地域振興」につとめ、漁業の将来に希望をもてない人びとに神様のようにあがめられていた。彼の後援会、越山会が地域を牛耳っていた。

自衛隊ではなく原発が来ることになったのは、高度成長を支えるエネルギー源として、全国的に原発立地が求められたからだろう。また自衛隊より原発の方がクリーンで平和的との読みもあったかもしれない。

日本では、原発は「民主・自主・公開」の三原則にもとづく「原子力の平和利用」として開発が進められてきた。原爆は「滅亡への道」だが、「平和利用」、つまり原発は「繁栄と幸福への道」というわけだ。これが当時の共通認識だった。原水禁運動に結集した革新勢力も、女性の平和運動として盛り上がった母親大会もそうだった。

一九六九年三月、柏崎市議会は原発誘致決議をあげる。原発は「すでに完全に実用化の段階」にいたり、「将来の電力需要増加に対応する最良の手段」であり、「地域開発の促進に貢献するところ絶大」であるゆえに誘致を期するというのだ。

しかしこの時期、原発が「完全実用化の段階」に入っていたとはとてもいえない。日本の原子力発電が初めて成功したのは一九六三年一〇月二六日。それを記念して一〇月二六日が「原子力の日」となったが、柏崎市の誘致決議の段階で営業運転していたのは東海原発だけである（六六年七月開業）。七〇年に福井県敦賀、美浜、七一年福島第一と営業開始が相次ぐが、それはあいつぐ事故の始まりでもあった。

「平和利用」だの「産業振興」だのといった美辞麗句に惑わされず、原発の危険性を直感したのは女たちだった。誘致決議当時、荒浜の中学生だった星野美智子さんは、「これで柏崎も発展する」という社会科の教師の話に、「ぜったい違う」と直観的に思ったという。刈羽村赤田北方に住む広瀬むつさん（一九二二年生れ）も、「原子の火ともる」と大喜びするニュースを聞いて、逆に「日本に危険の火がともったと思いましたよ」という。広島・長崎の原爆被害を思い浮かべ、人間が生きていく上でけっしていいものではないと直感したのだそうだ。四〇歳ごろのことというから、たぶん六三年一〇月二六日の原子力発電成功のときだろう。

しかし六九年九月、東京電力は正式に柏崎刈羽地区への進出を発表。そのときは刈羽村、北条町、高柳町など周辺町村でも誘致決議があげられていた。用地買収もかなり進んでいたことから建設は容易と思われた。

ところがその直後、原発建設で直接影響を受ける荒浜と宮川部落に「守る会」が誕生。七〇年八月にはもっとも地権者の多い刈羽村にも「刈羽を守る会」が成立した。角栄の前でひれ伏しているはずの住民が反旗を掲げて立ち上がったのだ。

その一方、七〇年一月には若い活動家による反対同盟が結成された。反戦青年委員会や学生たちが主力で、運動のブレーン的存在となる。これに守る会連合、地区労（柏崎地区労働組合協議会）を加えた「原発反対地元三団体」によって以後反対運動は展開されていく。

こうした動きを促す上で、地元出身の在京の学生グループや全原連（全国原子力科学技術者連合）の学生たちの果たした役割は大きい。全原連は東北大・東大・東工大・京大などで原子物理学等を専攻している大学院生中心の会で、全共闘運動の影響を受け、六九年八月結成。スローガンは左の二点である。

1、原子力の帝国主義的再編粉砕。

2、労働者、市民、農漁民、学生の闘う連帯を。

在京グループとともに初めて柏崎に乗り込んだのは六九年一一月二〇日、原発設置反対沿岸地区決起集会だった（全原連東工大支部「原子力は『お国の為』?」『月刊地域闘争』七〇年一一月号）。そして家を一軒借りて住み込み、戸別訪問してはビラを配り、原発の安全性についてミニ集会を持った。越山会の飲み食いには公場を貸すが、反対派の集会には貸さないという妨害をはねかえしつつである。

それは彼ら自身も思いもよらなかった女たちの反対行動を引き出すことになった。原発を「危険の火」ととらえていた広瀬さんは、こうした学生たちの姿に感動した。さっそく赤田北方の婦人会会長と相談し、総会で「危険なものだからみんなで反対しよう」と提案、賛成を得た。しかし刈羽村の他の部落ではもっと過激な行動もあったようだ。

「反対派の主婦たちは二〇人位ずつ手分けをして、賛成派の婦人会長などの家に連日おしかけ、ありとあらゆる非難と侮蔑の言葉を投げつけ、最後には『おめえんちの墓場をひっくり返してくれるぞ』と叫んで意気揚々と引きあげてくる行動を繰返した。この婦人会長たちは日頃威張り散らしているために、みんなから大へん嫌われていたのである」（高柳謙吉「放射能から命を守る闘い」『新地平』七四年一二月号）

荒浜の池田かね代さんは、はじめは砂丘が開発されれば子どもたちも地元で就職できると思ったが、配られたチラシによって危険なものだと知り、夫婦とも反対派に転換。夫の米一さんは町内会長として反対運動の先頭に立った。そして婦人会は反対運動を契機につぶれてしまった。会長は診療所長夫人だったが、越山会関係者で推進派。それに対してこれまで黙って従っていた女性たち（その中にはいわゆる戦争未亡人でニコヨンで生計を立てていた人もいたという）が猛然と反発し、収拾がつかなくなったのだ。

原発反対運動は長年のボス支配を揺るがし、ムラ社会に地殻変動を起こすことになったのだ。それは遅ればせの「女性解放」でもあった。戦後の制度改革で女性参政権が与えられようが家制度が解体しようが、依然として変わらぬ農村の「嫁」暮らしをしてきた五〇代、六〇代の女性にとって、原発反対はまさに社会参加であり女性解放だった。その中で解き放たれたエネルギーは、市長や知事といった「お上」に対しても噴出する。先に引いた松井やよりさんの文章にある知事に対する抗議行動は、七一年一月二二日、柏崎市で開かれた県政懇談会、通称「一日県庁」でのことである。

反対同盟はこの「一日県庁」を反対派封じ込めを意図するものとして粉砕の方針を立て、毎日街頭宣伝、ビラ入れなどを行った。

「街宣といったら、たった一台しかないオンボロ車に乗っかって、朝から晩まで、刈羽村、荒浜、宮川へととび回らなければならない。朝は出勤前の村へ出かけて、ヒーターもない車の中で、マイクに向かってしゃべるのだ。そしてビラまき。雪の中のビラまきはつらい」

(柏崎原発反対同盟「柏崎原発阻止闘争報告」『月刊地域闘争』七一年四月号)

そうした努力の結果、当日は午前中からバスを仕立てて、反対派住民がぞくぞくと会場につめかけ、総勢四〇〇人。午後一時、知事が入場してあいさつを始めると、突然傍聴席から「原発反対」のシュプレヒコールが上がり、そのうち机を押し倒して会場になだれ込んだ。その中には多数の女性がまじっていた。

「婆さんたちは最初おとなしそうに座っていたが、開会して一分もたたないうちに言葉激しく、文字通り知事に突進していった。知事の首にぶら下がりながら抗議する者、机の上の書類や花瓶をなげる者様々であるが、その口をついて出る言葉は、我々がアジる何十倍もの重みをもって当局者に訴えたと思われる。『おらは死んでもいいが、孫子の代になって片輪の子が出たらどうする。孫たちに、爺さんや婆さんがちゃんとしていないからこうなったんだ、だらしのない先祖だなんて言われたくはない。ええ、県知事さんどうなんだい、あんたそれでもいいんかいの』と」(高柳前出)

この「婆さん」の発言は表現としても内容的にも問題があるが、もっとも素朴な反原発の論理だろう。チェルノブイリ以後の女たちの反原発運動の盛り上がりにもこれがある。

「婆さん」たちの反「お上」行動は「国」にも及んだ。原発建設は、地元の合意・用地買収・漁業補償の三つをクリアしたところで国の電調審(電源開発調整審議会)に付され、そのあと原子力委員会の安全審査、公聴会、内閣総理大臣による設置許可、着工という手順をとる。女性たちの果敢な反対行動にもかかわらず、七四年七月四日、抜き打ち的に電調審完了、翌七五年五月から安全審査、七六年七月公聴会と進む。広瀬さんはその度に上京して阻止行動に参加したが、機動隊に守られた「国」の壁は厚かった。

「そういえば面白いことがありましたよ」と、広瀬さんはかたわらの広川ミツギさんを見やる。いっしょに反対運動をした仲間である。

「安全審査反対で東京に行ったとき、この人怒ってしまって赤信号なのに飛び出したの。赤だよといっても、赤も白もないとえらい剣幕で……」

おだやかに笑っている広川さんからは、東京のド真ん中で真っ昼間、堂々と信号無視する姿は想像できない。へたすれば命の危険もある。彼女たちの抗議を一顧だにしない国家への怒りが、信号という身近な国家の秩序への命がけの反抗を生んだのだろうか。

思想としての反原発

そうした女性たちのエネルギーがしぼんでしまったのはなぜなのだろう。

学生時代から原発反対運動に関わり、いま刈羽村の村会議員をしている武本和幸さんに

よれば、

「電調審のあと反対運動も手詰まりになって、地盤論争をしかけたんですよ。地盤の安全性に問題があるということで。そうなるとどうしても専門的な議論になって、おばあちゃんたちの素朴な思いを生かせる場がなくなったということはありますね」

柏崎市の元助役・長野茂氏が、最近刊行したドキュメント『柏崎刈羽原子力発電所誕生物語百話』（フジショウ　九五年）によると、七四年から七五年にかけて双方学者を動員して断層や土質、岩石試験の結果などについて丁々ハッシとやりあっている。たしかにこれでは農家の主婦たちは置き去りにされてしまうだろう。「それに……」と、武本さんは言う。

「当時、男が反対運動の前面に立つと、会社をクビになったり嫌がらせをうけるということがあって、それを避けるためにおばあちゃん層が前に出たということもありました」

だとすれば、もともと女性たち自身の主体的取り組みというよりは、男を守るためだったということになる。

しかし中学生のとき教師の誘致発言に批判をもった星野美智子さんは、そうではなくて、女性たちは自分自身の思いで闘争に参加したのだとみる。

「最初は頭数そろえるために父ちゃんや息子の代わりに出たとしても、それだって決断が必要でしょう、日常から非日常に跳ぶわけですから。それに集会で罵声を浴びせたり抗議したり、これはもう誰に指示されたわけでもない。自分自身の気持のほとばしり以外のなにものでもないでしょう」

星野美智子さんは、六九年、高校に入学し、毎日のように反対同盟に通って熱心に活動したが、男性活動家のなかには女性の主体性を認めようとせず、将棋の駒のように利用する姿勢がみえたという。そしてそういう姿勢こそが女性たちの活力を殺いだのだとみる。

しかし、国策として強行される原発建設を〈個〉に根差した反対運動で阻止するのはむずかしい。七三年三月、住民の反対運動に手を焼いた小林柏崎市長は、原子力産業会議の席上、エネルギー政策は「あくまで国策として国の責任において遂行」すべきだとして、「国の現地に対する啓蒙活動の強化」、「立地市町村に対する財源付与」など九項目の提案をした。

ちょうど「おらが大臣」田中角栄が総理大臣の時代である。小林市長の提言は、七四年六月公布のいわゆる電源三法（電源開発促進税法・電源開発促進対策特別会計法・発電用施設周辺地域整備法）に結実した。地元に特別交付金を支給して公共施設の整備にあてるという、要するに迷惑料としてのアメである。しかし過疎化に悩み、「地域振興」を願う住民にはさしあたり非常にオイシイ話だった。電源三法がその後の原発建設推進に果たした役割を思えば、小林柏崎市長―田中総理大臣の連係プレーはまことに犯罪的だった。

柏崎原発反対運動の初期における強さは、住民（守る会連合）、労働組合（地区労）、意識者集団（反対同盟）の三結合にあったといわれるが、硬軟両用の攻撃がきびしくなるにつれ、資金と動員力のある地区労への依存を強めていったという。たしかにバスを仕立てて東京に抗議に行くにも先立つものはカネである。その意味では広瀬さんたちは、反対同盟と地区労の男たちのお膳立ての上で踊っていたという見方もできる。

七〇年に全原連東工大支部の署名でかかれた文章に、その後を予言したような言葉がある。住民運動への自分たちのかかわりがしょせん啓蒙者でしかないことを自己批判した上で、このままでは「住民は分裂と孤立へ向い、原発は建設され、平時の放射線管理も住民の目では点検出来なくなり、原子力公害の現れるまで世論は眠ることになるだろう」（前出「原子力発電は『お国の為』？」）。

たしかにその後の状況は、この言葉どおりになった。それどころかチェルノブイリという「原子力公害」が明らかになった後も世界一の巨大原発への足取りは止まっていない。それは柏崎だけではない。

チェルノブイリ以後、女たちの反原発運動が大きく盛り上がり、八八年二月の四国電力伊方原発出力調整実験にあたっては、四〇〇〇人もの女性が四国高松へ駆けつけた。しかしあのときの熱気はいまは感じられない。その結果でもあろうか、この一〇年で運転中の原発は三六基から五〇基に増えた。すでに日本列島の海岸はビッシリ原発で固められている。そのうえにまだ増設しようというのだ。

女性の反原発運動では「母性本能」が持ち出されることが多い。しかし石川県珠洲市で『トリビューン能登』を発行しつつ原発反対運動を続けている落合誓子さんは、「食べてもお腹もこわさなければ目に見えないものの恐怖を本能で察知できるほど生命感覚があれば、人間の歴史はもっと違ったものになっていたはず」という。そして「放射能の恐怖を知ることは、私はむしろ、「本能」とは正反対の「思想」ともいうべき意味合いの知的な作業であると思う」という（「原発がやってくる村」『女たちの反原発』労働教育センター　八九年）。

そうだと思う。思想、あるいは想像力といってもよい。「孫子の代」にも及ぶ被害は想像力なくしてはとらえられない。直接体内で次世代を育てる女の方が生命の連なりへの実感をもちやすいということはあるだろうが、それもよほど強靭な思想をもっていないと目先の利益に目をくらまされる。

星野美智子さんは、反対運動のなかで出会った俊彦さんとともにいま四人の子どもを育てながら鶏を飼って暮らしており、その強靭な思想を生活の中に貫いている。美智子さんが高校時代から原発反対運動に関わったのは、もちろん放射能の恐怖もあったが、差別が許せなかったからだという。

たしかに原発は、都市と農村の差別構造に乗っかって建設される。そして農村は、都市の生活を支えるために危険を押しつけられ、自然とともにあった暮らしを奪われ、さらに都市への従属を深める。テレビもない星野家の暮らしはそれを拒否するための実践と思えた。

九六年六月、わたしはふたたび柏崎を訪ね、原発のまわりを車で走ってみた。いたるところに空家になった建物や廃屋のようなホテルがある。来年の七号機完成を前に作業員等の引き上げがはじまり、市の人口は減っているそうだ。電源三法による特別交付金は二〇年間に総額七六〇億円。おかげで道路はよくなり立派なスポーツ施設は建った。それも来年で終わる。立派なハコ物は残っても、かえって維持するためにアップアップしている原発立地は多い。

星野さんの養鶏場を訪ねた。一〇〇メートルはあろうかという長い鶏舎に健康そうな茶色の鶏が平飼いされている。鶏舎のまわりにはニセアカシアが満開の花をつけ、その香りであたりはむせ返るようだ。「蜂蜜がたくさん採れますよ」と俊彦さんはいう。

帰りの新幹線で長野氏の『誕生物語百話』(前出)を読んで、ニセアカシアの由来を知った。七八年四月、強行着工の第一段階として海岸の保安林伐採が始まった。反対派は泊り込みで阻止をはかったが、七月一九日、東京電力は未明に二〇〇人を動員して伐採を強行、フェンスを張り巡らして住民の立ち入りを遮断した。そのときから池田かね代さんが黄色いグミやキノコを採った砂丘は奪われてしまったのだ。

そのときのもみ合いで、反対派の三人が逮捕された。星野俊彦さんもその一人だった。初めての逮捕事件は、反対派におおきなダメージとなった。ニセアカシアは、そのとき伐採された保安林の跡地に、反対派が植えたものだったのだ。

それから一八年、ニセアカシアは見上げるほどに育ち、枝いっぱいに花をつけている。巨大原発のすぐそばであっても、大地と太陽の恵みがあれば、木々は育ち花を咲かせる。花が咲けば蜜蜂も集まる。蜂蜜も採れる。

ほっと救われるというよりは、人間の愚かさがあらためて胸にきた。

この稿を書くにあたって、文中に記した方々のほかに石黒健吾・小倉利丸・金井淑子・佐藤保夫・菅井益郎・関根富紀子・高桑千恵・高島敦子・西尾漠さんにお世話になりました。ありがとうございました。

（『銃後史ノート戦後篇　全共闘からリブへ』インパクト出版会、一九九六年七月刊）

女はなぜ反原発か

日本に危険の火がともった――。

新潟県刈羽郡に住む農家の主婦Hさん（一九二二年生まれ）は、原発成功のニュースを聞いたときそう思ったという。四〇歳ぐらいのときというから、たぶん一九六三年一〇月二六日、茨城県東海村の動力試験炉で初めて原子力発電に成功したときのことだろう。

その六年前の一九五七年八月二七日、原子力研究所の研究炉が日本で初めて臨界に達し「原子の火ともる」と大々的に報じられた。その日の『朝日新聞』「天声人語」にはこんなことが書かれている。

「原子力は二つの道に通ずる。人間滅亡への道と、繁栄と幸福への道である。現代の人類はその十字路に立っている。原子兵器のドレイとなれば滅び、人間が原子力を平和的にコントロールする主人公となり了せれば、無限の繁栄がつづく。」

これが当時のマスコミや識者の見方だった。原爆と原発はまったく違うもので、原爆は「人間滅亡への道」だが、原発は「繁栄と幸福への道」というわけだ。しかしHさんは広島・長崎の原爆被害を思い浮かべ、人間が生きていくうえでけっしていいものではないと直感したという。

ところが数年後、地元出身の政治家・田中角栄の画策によりその「危険の火」がすぐ近くに建設されることになった。東京電力柏崎刈羽原子力発電所である。一九六九年三月、柏崎市議会は、原発はあくまで平和目的のためであり、「将来の電力需用増加に対応する最良の手段」である。また「地域開発の促進に貢献するところ絶大」として誘致決議をあげる。

Hさんにとってはとんでもないことだった。しかしエライ人たちが決めたことをどうやって反対すればいいのか？　思いあまって婦人会会長に相談すると、総会で話してみたらという。「原発は危険なものだからみんなで反対しよう」というHさんの提案は多数の賛成を得た。女性たちには、男たちの「平和目的」だの「地域開発」だのといった言葉よりも、危険性の方がまっすぐに届いたのだ。以後Hさんの人生は変わった。市長であろうが東電の幹部であろうが憶することなく建設反対を訴え、やがて夜行バスで上京しては霞が関でシュプレヒコールを繰り返すようになる。

生命の連なりへの責任感

それはHさんだけではなかった。柏崎刈羽原発反対では女性が先頭に立って、激しい運動を展開している。一九七一年一月、柏崎市で「一日県庁」が開かれ知事が出席したが、原発反対を訴える女性たちは「言葉激しく、文字通り知事に突進していった。知事の首にぶら下がりながら抗議する者、机の上の書類や花瓶をなげる者様々であるが、その口をついて出る言葉は、我々がアジる何十倍もの重みをもって当局者に訴えたと思われる。『おらは死んでもいいが、孫子の代になって片輪の子が出たらどうする。孫たちに、爺さんや婆さんがちゃんとしていないからこうなったんだ、だらしのない先祖だなんて言われたくない。ええ、県知事さんどうなんだい。あんたそれでもいいんかいの』と」（高柳謙吉「放射能から命を守る闘い」『新地平』一九七四年十二月号）

柏崎だけではない。最近の巻原発の住民投票にみられるように、反原発運動では女性が最前線で闘っていることが多い。チェルノブイリ事故後、ヨーロッパでは女性による反原発運動が大きな盛り上がりを見せたし、日本でも一九八八年、四国電力伊方原発出力調整にあたって何千という女たちが全国から駆けつけて反対を叫んだ。

そうした女たちの行動を、原発推進派の男たちは「無知な女の集団ヒステリー」と嘲笑する。原爆と原発の違いもわからず、一時的な感情でただヤミクモに反対しているというのだ。「男の代理」とみなし、女性の主体性を認めようとしない男たちも多い。男は社会的立場があって表立って反対運動ができないので、かわりにカアチャンがやっているというのだ。柏崎でもそうした話を聞いた。

これはとんでもない間違いである。Hさんにしろほかの女性たちにしろ自分たちの主体的な思いで行動に参加している。伊方原発問題では夫の反対を振り切って参加し、「伊方離婚」に至った女性が何人もいるという。従順であるべき女たちが混沌としたエネルギーを発揮して男の手におえなくなったとき、ヒステリーとして袋叩きにして排除するのがギリシャ以来の男たちの伝統なのだ。

いずれにしろ、原発に対する姿勢には明らかにジェンダーがある。さまざまな世論調査でも、原発反対はつねに女性のほうが男性を上まわっている。なぜだろうか。

その一つの答えがさきに引いた柏崎の「一日県庁」での女性の発言にある。「おらは死んでもいいが、孫子の代になって云々」、つまり自分一代限りではなく、「孫子の代」にまで至る生命の連なりへの責任感である。反原発運動において、しばしば無名の女たちが地位ある男を相手に一歩も引かない強さを見せることがあるが、それは反原発が未来の生命から託された使命であるとの自信に支えられているからだ。大臣であろうが社長であろうが、そんなものは現世の話。未来を担保に現世の豊かさ便利さを追い求める彼らよりも、倫理性において自分たちのほうが優っている、人間として上等だという自信が彼女たちを強くしているのだ。

これを「母性本能」とみる見方がある。女性の反原発運動を促すうえで大きな役割を果たした甘蔗珠恵子さんの『まだ、まにあうのなら』（地湧社　一九八七年）にはこんなことが書かれている。

「私たち母親は、子どものすこやかな成長を何より、何より願います。（略）動物の世界でも、子を産んだ母親、蛇で熊でも、いのししでも、とても気が立っているから、近寄ると襲いかかって危ないといいますが、何より、産んだ子の生命を守ろうとする母なるものの本能です。自分はともかく、子どもを守ろう、生まれたばかりの生命を守ろうとする尊い生物の本能です。私もまた生物です。そして母親です。その本能につき動かされます」

ありのままの生命を

これに対して、石川県珠洲市で「トリビューン能登」を発行しながら反原発運動を続けている落合誓子さんは、「食べてもお腹もこわさなければ目に見えないものの恐怖を本能で察知できるほど生命感覚があれば、人間の歴史はもっと違ったものになっていたはず」と母性本能説を否定する。そして「放射能の恐怖を知ることは、私はむしろ「本能」とは正反対の「思想」のともいうべき意味合いの知的な作業であると思う」という（「原発がやってくる村」『女たちの反原発』労働教育センター　一九八九年）。

そうだと思う。思想、あるいは想像力といってもよい。そもそも「母性本能」だの「母性愛」だの近代になってつくられた神話にすぎない。日本には二〇世紀の初めまで「母性」という言葉すらなかったのだから、「母性本能」も「母性愛」もあるはずはなかった。

女の方が男より未来の生命への責任感が強いのは、本能ではなくてたまたま直接体内で次世代を育てる結果として生命の連なりをイメージしやすいせいだろう。しかし、その責任感が「障害児」を産みたくないというところに集約されると、優生思想につながる恐れがある。チェルノブイリ事故のあとヨーロッパでは中絶が急増した。もちろん「障害児」

を産みたくないためである。日本でも「だから原発に反対」という女性は多い。

これに対して「障害者」から批判がだされている。堤愛子さんは「障害を持つ人の人生を否定する」としてこうした反原発の論理を否定し、障害があろうがなかろうが「ありのままの生命を認め合い、多様な人々が共に生き合える社会を」と提起する。そしてそのことと反原発は矛盾しないという。「『障害児』として生まれるはずだった子が、胎児診断によって中絶されていくことも、『健常児』として生まれるはずだった子が放射能の影響で『障害児』とされていくことも、どちらも『人間の科学技術によって、ありのままの生命を否定している』という点で、共通しているのではないだろうか」(『ありのままの生命』を否定する原発に反対」同前)

原発とはウランの原子核を核分裂させ、そこで出る熱でモーターを動かし発電するということらしい。その発想の根っこにあるものは、「ありのままの生命」を受けとめ育むこととは真っ向から対立する。全体性をもった生命を極微の原子にまで還元し、さらに選別操作することを是とするからだ。それは地球が何億年もかけて育んできた生態系、自然のサイクルを否定する。

地球が誕生して以来、大ざっぱにいって四六億年だという。誕生の時点を一月一日午前〇時とし、現在を一二月三一日の夜中の一二時ちょうどとすると、人類が出現した約一〇〇万年前は一二月三一日午後一〇時六分、二〇〇年前の産業革命は午後一一時五九分五八秒六三という計算になるそうだ。一・二七秒前である。まして人間がウランの核分裂に成功し、原爆を製造したのは五〇余年前にすぎない。地球時間からみればほんの一瞬にも満たない時間において、人間は生命の全体性を破壊し、生態系を大きく変えてしまうようなことをしでかしてしまったのだ。傲慢きわまりないというべきだろう。

男に抑制・禁欲を提起したい

また原発は差別のシステムでもある。その建設は都市と農村の差別構造の上に、過疎化する農村の弱みにつけこんで札束でひっぱたくようにして強行されている。柏崎刈羽原発の建設過程をみるとそれがよくわかる。原発建設のための伝家の宝刀・電源三法は、反対運動に手を焼いた小林柏崎市長の提言により七四年に制定されたのだ。運転開始後は危険な保守点検業務を下請け労働者にやらせている。そのなかにはアジアからの出稼ぎ労働者が多いという。そして発電後の危険な核のゴミはまたしても過疎の農村に押しつけられるのだ。

女たちが何百年にわたって男女平等を求めて闘ってきたのは、たんに男と同じ権利を手にするためではない。男と同じように戦争し、人を支配し、自然を破壊する権利など女たちは欲しくない。女が求めるものはそうした構造自体を解体し、女であろうが男であろうが、障害があろうがなかろうが、国籍がどうあろうが、すべての人間が「ありのままの生命」として平等に生きられる世の中である。

「合理主義・有用主義・生産性の論理を否定するものとして女の存在を位置づけたい。スズメは害鳥である、○○虫は害虫である、雑草は無用である、○○菌は病原菌であるということで、ゆえに絶滅しなければならないという論理。何々は害鳥だとか無用だとかいうことは、自然の中の一部分である人間にとってそうであるにすぎない。人間以外の他の自然に対する思い上がりとあなどりが自然のバランスを崩し、自然に仕返しされる結果となった。（略）我々の婦人運動とは、そういう意味において、文明批判・合理主義批判として展開されるべきであり……」（飯島愛子「女にとって差別とはなにか」）。

これは日本でウーマン・リブの動きが始まった一九七〇年一一月に書かれているが、まるで現在を予見したような文章である。Ｏ１５７だのエボラ熱だのがパニックを起こし、子どもたちの間で「バイキン」だの「クサイ」だのと仲間イジメが頻発している状況をみると、まさに自然に仕返しされている感がある。

とはいっても、いまや電気の二八％は原発によるものだという。それがなくなったらテレビもみられない、クーラーもかけられない、パソコンも使えない……。こうした声が恐怖をあおる。しかし、ほんとうにそうだろうか。

電気のおかげで、スイッチ一つでお湯がわき、ごはんも炊ける。手で押さなくてもドアはひとりでに開く。階段をかけ上がるかわりにエレベーターにエスカレーター、最近は動く歩道とやらがあちこちにできて、ただ立っていれば運んでいってくれる。そのあげくにマラソンしたりフィットネスクラブに通ったり、運動不足解消に努めているというわけだ。

なにかおかしい、と感じている人は多いはずだ。地球上に餓死する子どもがたくさんいるというのに、この日本の飽食は犯罪的だ。人口爆発が予想される二一世紀、有限な地球で人類が生きてゆくためには、日本人がいま享受している豊かさ・便利さが許されるはずはない。そう感じている人は多いのに、立ち止まってじっくり考えさせないようなシステムが出来上がっている。とくに男たちはそうだ。その結果が過労死の多発である。

メアリー・メラーというイギリスのフェミニストは、いま女たちは家父長制ではなくて家子長制を解体すべきだという。現代の男たちは家父長ではなくて「わがまま息子」のようなものだというのだ。家父長は善かれ悪しかれ少なくとも家族に対する責任感はある。それに対してわがまま息子は自分の好奇心を満足させることにしか関心はない。いま男たちはハイテクを駆使してやりたい放題、地球の未来がどうなろうと知ったことではない。

我慢すること、禁欲することを知っているのは男よりも女である。それこそ歴史的社会的に強いられたジェンダーではあるが、無責任な家子長制が地球を破壊しかねない現在、女性は抑制・禁欲の価値を男たちに積極的に提起していかなければならない。

やはり「王様は裸だ」とまっすぐにいえるのは、女子どもなのだ。

(『エネルギーフォーラム』一九九六年一二月号)

「母性」が陥る危険性について

九州から四国から、そして東京や神奈川からも、実験反対の署名用紙が送られてくる。「なにかできることはないだろうか」と、知らない女性から電話がかかってくる。署名用紙をコピーして送ると、「友達にも送りたいので、もっとほしい」と、また電話がかかってくる。

そして、それぞれのところで、さらにコピーされ、ねずみ算のように増殖していく様子が、びんびんと肌身に伝わってくる。

今年二月、伊方原発の出力低下実験反対の動きのなかでのことである。どこから指令されたわけでもなく、女たちが自発的に身銭を切り、体を動かし――。

甘蔗珠恵子さんの『まだ、まにあうのなら』が、こうした動きを促すうえで果たした役割は大きいようだ。病院勤務の水井薫さんという女性は、これを読んでの感想をこんなふうに記している。

「最初に読みはじめたのは、なぜか電車の中でしたが、涙が出かけてしまい、しばし中断。正直言って、未だに読みかえすたびに泣けてきます。本当に著者のことばどおり、申しわけなくてすまなくて、目に見えないものたちに謝りたくなるのです」（水井薫「『サラバ記念日』への道」『地域・家族』一二九号　一九八八年五月一日）

水井さんは、五〇人ぐらいの友人にメッセージをそえて年賀状がわりにこの本を贈り、職場の読書会でも紹介。はじめて「新しく運動が広がってゆく」よろこびを感じたという。そして伊方の実験中止運動では、かけずりまわって六〇〇余の署名を集め、友人とともに高松にかけつけている。わたしの周辺にも、こうした女性は、何人もいる。わたしがこの本を手に入れたのも、版元からたくさん取寄せた友人のおかげだった。

原発の恐ろしさを説いた本は、もうすでに何冊も出ているのに、この小冊子が、女たちのあいだに特別の関心をよび、新しい動きを促したのは、なぜだろう。

定価三〇〇円の小冊子、という手軽さももちろんある。そして改行の多い読みやすいレイアウトに、かみくだいたわかりやすい表現。なによりも、手紙形式の文体は、他のだれでもなく、直接自分に語りかけられているような親しみを感じさせる。「わたし」と「あなた」

だけの内緒話、そのお互いの息づかいが聞こえるような、吐く息の暖かさが感じとれるような、そんな文体なのだ。

内容も非常にわかりやすい。

甘蔗さんは、原発の問題性を、放射能汚染の恐ろしさから説く。チェルノブイリ事故によるヨーロッパの食物汚染、その実態を、最近日本人が日常的に口にしている輸入食品について、スパゲッティから三四四〇ピコキュリー、チョコレート一三六〇ピコキュリー、チーズ……というように、一つ一つ数字をあげて明らかにしていく。そして、そうした事故は、いま日本にある三四基の原発にも、すぐにでも起りうることを、じゅんじゅんと説く。また、そんな危険をはらむ原発が、核兵器材料のプルトニウムを生産することによって、核戦争の脅威にも直接つながっていることも指摘されている。

いずれにしろ、放射能の恐怖である。原発は、事故が起らなくても核戦争につながらなくても、問題をはらんでいるとわたしは思っているが、こうした恐怖を中心にすえた論理は、一般の関心を呼びさますには、いちばん手っとり早い。

もうひとつ、「母親として」という姿勢につらぬかれていることも、甘蔗さんのことばを受入れやすくしているようだ。

「私たち母親は、子どものすこやかな成長を何より、何より願います。(略)

動物の世界でも、子を産んだ母親、へびでも熊でも、いのししでも、とても気が立っているから、近寄ると襲いかかって危ないと言いますが、何より、産んだ子の生命を守ろうとする母なるものの本能です。自分はともかく、子どもを守ろう、生まれたばかりの生命を守ろうとする尊い生物の本能です。私もまた生物です。そして母親です。その本能に衝き動かされます」

そして甘蔗さんは、「子ども達の生命を守るために」原発反対に立上がることが、「原発のある世に子どもを産んだ母親の、子どもに対する責任だと思っています」という。また母親には、その力があるとも言う。

「私達母親のもっているものって本当はすごいものだと思います。どんな科学も知識もたちうちできないものだと思います。この混迷の世を救う力を私達母親が秘めているのだと、実は思っているのです」

これで思い出されるのは、「生命を生みだす母親は、生命を育て、生命を守ることをのぞみます」という母親大会のスローガンだ。スローガンだけでなく、母親大会への流れそのものも、最近の女たちによる反原発の動きとかなり似通っている。

一九五四年三月、アメリカが行なったビキニ環礁での水爆実験で日本のまぐろ漁船が死の灰を浴びた（第五福竜丸事件）。それに危機感をもった東京の主婦たちが自発的に原水禁署名運動に立ち上がり、それはまたたくまに全国にひろがる。

のみならず、こうした日本の女たちの動きは、国際民主婦人連盟を動かし、世界母親大会の開催にまでつながっている。一九五五年六月、日本母親大会が開かれたのは、その世界大会への代表選考のためでもあった。これは、翌五六年の第二回大会以後、「生命を生みだす母親は、生命を育て、生命を守ることをのぞみます」をスローガンに掲げ、いまに続いている。

このスローガンは、たんに母親大会のスローガンであることを越えて、その後の日本の、女による平和運動を象徴するものとなったが、最近の女たちによる反原発運動、伊方原発の出力低下実験中止を求める動きのなかにも、このスローガンに通ずるものがある。女たちは、「母親として」「子どものために」を合言葉のように口にしつつ、はるばると四国高松にかけつけたのだった。

そして、この点で、いま日本のフェミニストのあいだに批判がある。「母親として」原発に反対するということは、母親でない女たちや母親になる以前の自分自身の二十数年だかの人生を、切り捨ててしまうことにならないか。

なぜ「子どものため」なのか。「……のため」と自分以外のもののために生きる姿勢は、容易に「御国のために」「天皇陛下のために」に転化するおそれがある。

「母親として」でもなければ「子どものため」でもなく、「わたしが、わたしのために」、原発はいやだと、なぜ言わないのか——。

これは、甘蔗さんに対する批判でもあるだろう。

この批判は、正しい。主体的にみずからの生を選びとって生きようとするフェミニストとしては、当然の批判だ。ひとは、他の誰のためでもなく、自分自身のために生きるべきだ。とくに、つねに、夫のため子どものためと、自分以外のもののために、そのかけがえのない人生を費やすことを当然とされてきた女たちは——。そのかわり、自分の行為の責任は、だれのせいにもせず自分自身でとる——。

しかし、だれもが、「自分自身のために生きる」と言い切れるほどしっかりした「自分」を持っているわけではない。とるに足らない情けない存在、その自分が、ようやく自分の存在意義を見出したのは、「母親として」、「子どものために」だった、ということは、現実にある。

また、もちろん、子どもを産まなくても、生命の大切さ、この地球上で生き死にをくりかえし、歴史を編んできた人間や、他の生き物たちの未来に思いをはせることができるひとはたくさんいる。しかし、子どもを産んではじめて、それに気付くというひとも多いのだ。

もちろん、そうしたひとたちが、だから子どもを産まなければわからないというふうに、「母親」を絶対化するのはまちがっている。同様に、子どもを産んではじめて気付くというひとを否定するのも、まちがっているのではないか。とくに、大衆的な反原発のうねりを目指す場合はそうだ。甘蔗さんのこの本は、「自分自身のために生きる」と言い切るほど、自らに恃むものを持たないひとびとをも動かしたということだろう。

これは、やはりすばらしいことというべきだろう。原発という、あまりに巨大すぎて、どこからどう関心を持っていいやら、その手掛りすらつかめなかったような人びとに、素直に胸にしみることばで語りかける——。これは、なみの人間にできることではない。甘蔗珠恵子という女性は、その楚々としたおもむきとは逆に、なかなかしたたかな多数派形成のための「政治的」配慮を秘めているようにも思える。つねに少数派のところでしか活動してこなかったわたしには、いささかの違和感がないわけではないが、やはりそれは、評価したいと思う。

その上で、やっぱりわたしにも、甘蔗さんのことばの、「母親として」「子どものために」の絶対化は気になる。しかもそれを、甘蔗さんは、「動物的本能」として、絶対化している。これは危険だ。

かつて、評論家の田中寿美子氏は、母親大会の盛り上がりについて、つぎのように述べている。

「〝子どものために〟という呼びかけほど、日本婦人に抵抗なしに入りこんでゆくものはない。それは保守派の婦人をも超党派につつみこむことのできる合言葉である。それは、日本の伝統的な、保守的な母性感情に訴えるものである」（「日本における母親運動の歴史と役割」『思想』一九六一年一月号）

また、「とくに婦人は、その本質的にもっている母性の故に、平和に対して無条件の熱情をもって反応する」とも言っている。母親大会を、女が「母性本能」をもつが故の大衆的平和運動とみているわけだ。

そうだろうか。

たしかに、母親大会のスローガン「生命を生み出す母親は、生命を守り――」には、母性本能にもとづく「母親イコール平和勢力」というとらえかたがある。しかしこのスローガンは、じつは日本の女によるものではない。一九五五年七月、ローザンヌで開かれた世界母親大会で読み上げられたギリシャの女性詩人ペリディスの詩の一節である。それに先立って出された大会呼びかけのアピールにも、「女性であり母親である私たち数億のものは、平和を欲しています。私たちこそ生命と幸福と進歩の力なのです」という、甘蔗さんと同じようなことばがある。

しかし、これらのことばを受けて開かれたはずの第一回日本母親大会（五五年六月）の大会宣言、および決議には、そうした観念的な「母親」像はない。「戦争を憎みながらも貧しさのために愛する息子を自衛隊にやらなければならないお母さんたち」や、母子家庭、失業、身売り、内職など、貧しさに苦しむ現実の母たちがいる。そしてその問題の解決が、具体約にもとめられている。つまり、当時の日本の母親は、「母親イコール平和勢力」という観念に拠って、「子どもを守るために」立ち上がるよりは、まず自分たちの生活苦の解決こそが先決だったのだろう。

考えてみれば、日本の歴史のなかで女たち一般が、「母親として」「子どものために」を、錦の御旗にできるようになったのは、最近である。男たちによって、いくら「良妻賢母」が謳いあげられても、多くの女たちは、「良き妻」「賢い母」である前に「家の嫁」であり、労働力でなければならなかった。そうした女たちにとって、子どもは「守る」対象であるよりは、自分たちの老後保障の手段であり、苛酷な労働や家計の補助者である。第一回母親大会の時代には、親によって売られる子どもの問題が、たびたび新聞にとりあげられていたのだ。

しかし、イデオロギーとしてのそれ、つまり「母性」神話は、日本社会にしっかりと根をはっていた。明治以来日本国家は、自分を犠牲にして「子どものために」献身する母親讃歌を、積極的に謳いあげてきた。

それがもっとも強力に展開されたのが、昭和一五年戦争の時期である。それは女たちに「御国のために」より多く子どもを産み育てさせ、犠牲を忍ばせるためであると同時に、そうした「母性」神話のなかに天皇制をくるみこみ、民衆に受け入れさせるためでもあった。「母心」同様、つねに一片の「私」なく「赤子」を慈しむのが天皇の「大御心」だというわけだった。だから国民は、命をかけてその「大御心」にこたえなければならない――。たしかに「子どものために」は、「天皇陛下のために」につながったのだ。

母親大会は、それをじゅうぶんに踏まえて出発したというよりは、意識的にではもちろんないが、男たちのつくった母性神話の枠をかりて、みずからの行動の自由を確保した感がないでもない。戦争中、国防婦人会の女たちが「母性愛の発露」として「兵隊さんのために」働くことで、みずからの解放欲求を満たしたように――。

その結果、国防婦人会は、あの侵略戦争を支え、そして、「生命を守り、生命を育てる」はずの母親大会は、いま問題になっている原発を推進する役割を果たしている。少なくとも、それに歯止めをかけることはできなかった。

世界母親大会を呼びかけた国際民主婦人連盟会長ウージェニー・コットンは、キュリー夫人の弟子というフランスの物理学者である。そして積極的な「原子力の平和利用」、つまり原発推進論者であった。一九五五年二月にひらかれた世界母親大会準備会で、コットンは、各国代表を前に大会開催を呼びかける演説をしたが、そのなかで彼女は、つぎのように「原子力の平和利用」を訴えている。

「私たちは、原子力の平和利用を発展させることを、全力をあげて応援します。（略）原子力エネルギーは石炭とちがって運びやすく、軽くて、ウラニウム一キロが石炭三百万トンの熱量を与え、人類のためにどんなに役立つものであるかを知っています。それがあれば、後進国は産業施設をそなえて、経済的従属と欠乏から解放されるのです。また、人類全体の物質的困難を、かなり緩和できるのです。

とくに、母親の毎日の仕事はとても楽になるはずです。兵器の製造に使われた無駄な費用はなくなり、それらの費用は、病気の治療や家族の幸福や、芸術や科学を発展させ、すべての生活をゆたかに美しくするためのものに、きりかえられるでしょう」

そしてこのとき採択された世界母親大会呼びかけアピールにも、「私たちは、今世紀最大の発見である原子エネルギーが、人間の労働を軽くし、人類の進歩のみに役立つように使われることを、熱烈にのぞみます」とある（『母の愛にうったえる――世界母親大会準備会報告集』）。

日本母親大会は、このアピールにこたえて開かれたものだった。ということは、日本の母親による平和運動は、原水爆という兵器はいけないが、原発という「平和利用」はよい、むしろ母親の負担を軽くするために、積極的に推進すべきだとして出発したことになる。

もちろん、これは日本の母親だけではない。ごく一部の科学者を除いて、男たちもそうだった。一九五七年、はじめて東海村にともった「原子の火」は、おおかたの日本人に、貧しさからの解放を約束するものと見えたのだ。だから、このとき原発に歯止めをかけられなかったからといって、母親大会を批判するつもりはない。しかし「母性本能」といってみても、しょせんその程度のものだったということは、しっかり認識しておいたほうがよい。もし女に、ほんとうに「子どもを守る」動物的母性本能があるなら、男たちや学者が、どれほど原発をうつくしく語っても、その危険性をキャッチしていたはずだから。

ましていま、「母親として」「子どものために」を動物的本能として絶対化するのは、まちがっているし、危険でもある。

母親大会が発足した三〇余年前といまの女たちの状況で、決定的にちがうのは、かつての母親が、「家のため」「御国のため」、あるいは「天からの授かりもの」として否応なしに子どもを産んだのに対し、現在の母親は、バース・コントロールの技術の普及等によって、みずからの意志で子どもを「つくる」(あるいは「つくらない」)可能性を、ともあれ持っているということだ。

いま日本の女たちは、動物的本能で母親になっているわけではない。日本の母親だけでなく、人間は、甘蔗さんのことばにある熊やいのししのように、発情期にだけ交尾するわけでもなければ、春にだけ子を産むわけではない。人間のセックス、子産み、子育ては、とうに動物的本能とは切れた「文化」の領域にはいっている。その「文化」が、いま問い直されなければならないとしても、人間は、智恵の木実を食べてしまったものとして行動するより仕方ない。いま日本の女たちが、まずはみずからの意志で子どもを「つくる」、あるいは「つくらない」ことを選択できるようになったこと、そこにももちろん問題はある。しかし、それが女たちに持った意味を否定することはできないだろう。

また、高度成長を経た現在、三〇余年前にくらべて日本の女たちの家事や農作業は、格段に軽減され、子どもの数は減った。その結果かえって、女たちの生活に占める母親役割の比重は高まっている。「母親として」数少ない子どもの健康を守り、「立派な社会人」に育て上げること、いまやこれが主婦と呼ばれる女たちの主要な役割になっている。

つまり、「子どものために」が、たんに手段としての神話利用ではなくて、女たちひとりひとりに内面化される条件は、母親大会当時よりうんとあるということだ。そのとき、「母親の本能」としてそれを絶対化することは、母親たちを自己欺瞞の迷路に閉ざす一方、母親でない女たち男たちとの間に分断をもたらすことになる。

日本の母親たちが、もしもいま「子どものため」をいうとすれば、それは、動物的本能としてではなく、主体的に子産みを選びとったものの子どもに対する責任からでなければなるまい。甘蔗さんが強調すべきだったのは、この本でさらりと書かれている「原発のある世に子どもを産んだ母親の、子どもに対する責任」である。そうであれば、同じ「産む産まないは女の自由」の地平にあるものとして、母親でない女たちとも手を取り合えるはずだ。そして、男たちのつくった「文化」が危機におちいるたびに、動物的本能としての「母性」が呼び出される歴史を繰り返さないために、男たちにもしっかり、共同責任を要求しなければなるまい。

（『クリティーク』12号　一九八八年七月）

母性主義とナショナリズム

一　母体保護法が隠蔽したもの

一九九六年六月、日本の女性にとって画期的な出来事が起こった。堕胎罪があるにもかかわらず中絶を可能にしてベビーブームを終結させ、「二人っ子革命」をもたらして女性のライフサイクルを劇的に変え、七〇年代と八〇年代初めにはその「改悪阻止」のために全国的な女性運動を巻き起こし……というふうに、戦後の日本、とりわけ女性に大きな意味を持ってきた優生保護法が、突然母体保護法に生まれ変わったのだ。

一九四八年に制定された優生保護法は、翌年に「経済的理由」による中絶が容認されたことから日本女性のリプロダクティブ・ライツ（性と生殖に関する自己決定権）を保障する役割を果たしたが、その本質は名称どおり「優生」の保護、というよりは「劣生」抹殺を目的とするものだった。第一条には「優生上の見地から不良な子孫の出生を防止する」と書かれている。

これに対しては以前から障害者団体などから改正の要求が出されていた。最近は国際的にも人権問題とされていた。だから改正は当然のことだったが、あまりにも突然に、国会での議論もないまま母体保護法に生まれ変わったため、女性たちのあいだから批判の声が上がっている。とりわけ母体保護法なる名称には反発が強い。

「母体保護法という名称は、女性は子どもを産んで一人前、子どもを産むことでのみ女を評価するという、古い時代の思想を継承したことを意味します。このため、障害を持った女性や不妊の女性、産むことを選ばない女性は、相変わらず産むことを期待されない女性として、差別されつづけます。母体保護法は、女性の多様な生き方を認めない名称なのです。

母体になること（＝妊娠を継続し出産すること）を避けるために人工妊娠中絶を選ぶ女性が、あるいは不妊手術を受ける男女が、『母体保護法』によって中絶や不妊手術するることの不条理、グロテスクさに、私たちは強い憤りを感じます」（女のからだから82優生保護法改悪阻止連絡会・DPI女性障害者ネットワーク「優生保護法改正、母体保護法に関する声明文」『阻止連ニュース・女のからだから』一三三号、一九九六年七月二日発行）。

この法律で不妊手術とは「生殖腺を除去することなしに、生殖を不能にする手術」と規定されていて、対象はもちろん女性に限らない。男性が母体保護法によって不妊手術をうけるとは、たしかにグロテスクではある。

『阻止連ニュース』などによれば、優生保護法改正案が国会で浮上したのは九六年五月末。その段階では名称は母性保護法だった。長年優生保護法改正問題に関わってきた女性たちは優生思想とその関連条項の削除を評価する一方、母性保護法という名称に反対した。代案として「不妊手術及び人口妊娠中絶等に関する法律」、「妊娠に係わる健康等に関する法律」など内容に即した名称が提案されたが、その直後に母体保護法として国会に上程され、衆議院一日、参議院二日という超スピードで両院を通過した。六月一八日のことである（公布は六月二六日、施行九月二六日）。

それにしても、優生保護法から母性保護法へ、さらに母体保護法へと、たった三週間の間におけるめまぐるしい動きは一体なんだったのだろう。

もともと優生保護法は、第一条に「この法律は、優生上の見地から不良な子孫の出生を防止するとともに、母性の生命健康を保護することを目的とする」とあるとおり、戦中にナチスにならってつくられた国民優生法に母性保護を付け加えたもので、法律としての一貫性に欠けるといわれていた。だから今回の改正にあたっては、まずは単純に、優生保護法マイナス優生思想、イコール母性保護法となったのだろう。

ところが思いがけず「母性」に対する拒絶反応にあい、急遽思いついたのが「母体」だった——という、そんなところではないだろうか。「母性」と「母体」はどう違うのかという質問に、提案した自民党の男性議員は答えられなかったという。彼らにあるのは、たぶん「母」への根強いこだわりだけだ。

しかし、同じ「母」がついていても「母性」と「母体」への一般の認識はちがう。おおかたの辞書の定義もちがう。『広辞苑』(第三版、岩波書店)によれば、母性とは「女性が母としてもっている性質。また、母たるもの」。母体は「母親のからだ」とある。『新明解国語辞典』(第四版、三省堂)では、母性は「女性が、自分の生んだ子を守り育てようとする、母親としての本能的性質」、母体は「産前・産後の母親のからだ」である。その定義の適否はともかくとして「性」と「体」とのちがいは見て取れる。「母性」は女性の精神や心理にかかわる性質、「母体」は即物的なまさに身体である。文化と生物学の違いといってもよい。文化の中にはイデオロギーや神話も含まれる。

しかし保健衛生や女子労働の局面では、母性は生物学的な機能としてとらえられている。それも妊娠・分娩・産褥期に限る場合と、母であり、母となりうる全期間を対象とする場合がある。女子労働問題で「母性保護」という場合は後者を指しており、労働基準法の女子の深夜業禁止や生理休暇などはそれを保障するものだった。しかし最近は、男女雇用機会均等法との関連で保護の対象を出産前後に限る傾向にある。そうなると「母体」と「母性」のちがいはほとんどない。

いずれにしろ、母体が出産前後の生物学的女性の身体に限られるのに対して、母性はそれをも含む多義的な概念ということになる。今回の優生保護法改正では女たちの抗議によって母性保護法が母体保護法に変わった結果、母性がはらむあいまいさは払拭された。しかしそのぶん生物学がむき出しになったともいえる。そしてドイツのレナード・ブライデンソールらによれば、「生物学が運命を決めたとき」とは優生学が猛威をふるったナチス時代を指すのだ（ブライデンソール・グロスマン・カプラン編、一九九二）。母体保護法はほんとうに優生思想と無縁なのだろうか。

これについて、言葉の言い換えにすぎないという見方がある。

「戦前からの国民優生法の時代に国は何をしてきたのか、戦後なぜその優生思想が受け継がれ、なぜ人工妊娠中絶の規定と結びついたのか。そして戦後の『不幸な子が産まれない運動』や母子保健行政、早期発見・早期治療や養護学校義務化などなど、さまざまな優生思想と行政の、どこがどう差別でいけないことだから法律を変えるのか。何も国民に説明せず、議論せず、優生保護法を母体保護法に変えたのは、これは歴史の抹殺だ。あるいは差別語を言い換えて事足れりとする発想だ――と極論かもしれないが、言いたくなる」（ゆかこ「これは差別語の言い換え、歴史の隠蔽だ」『阻止連ニュース』前掲）。

これは決して「極論」ではないかもしれない。優生という言葉を使おうが使うまいが、国家が母性、母体を保護する発想の根っこには優生思想がある。少なくともこれまでの歴史はそうだった。母体という、一見イデオロギーとは無縁な生物学的用語になったことで、その歴史が隠蔽されてしまう可能性はある。

〈母〉は近代国民国家とともに誕生した。その〈母〉を女の特性として価値づける思想、あるいはイデオロギーを母性主義と呼ぶとすれば、日本近代はその母性主義をめぐるナショナリズムとフェミニズムのせめぎあいの歴史だったともいえる。ここで、この一〇世紀末の初夏の三週間の間に隠蔽された歴史を巻き戻し、そのせめぎあいをたどり直してみよう。

二　近代国民国家形成と〈母〉の発見

最近の歴史学やフェミニズムの成果によれば、〈母〉は近代国民国家の誕生とともに発見された。ヨーロッパでもアメリカでもアジアでも、もちろん日本でもそうだった。

女が体内に子をはらみ、出産し、授乳するという生物学的機能を持つことは改めて発見されるまでもない事実である。性交と妊娠の関係が発見されるまで父は存在しなかったはずだが、母は歴史の初源からいた。もちろん子どももいた。しかしフィリップ・アリエスの『〈子供〉の誕生』（アリエス、一九八〇）によれば、フランスでは一八世紀以前には保護し教育する対象としての子どもはいなかった。乳幼児期を過ぎると、子どもは「小さな大人」として家族を越えた共同体の中で生きた。

だとすれば子どもを保護し養育するものとしての〈母〉もいない。エリザベト・バダンテールによれば、一八世紀のフランスでは貧富をとわず都市の子どもが農村に里子に出される現象が流行した。一七八〇年、首都パリでは一年間に生まれた二万一〇〇〇人の子どものうち、母親に育てられたのは一〇〇〇人以下、一〇〇〇人は住込みの乳母に育てられ、残り一万九〇〇〇人は里子に出されたという（バダンテール、一九九一）。つまり前近代においては必ずしも産んだ母親だけが子育てをするわけではなく、授乳さえしない母もいたということだ。

日本でも同様だった。古来、上流階級の女は跡とりを産む道具であって、育てるのは乳母に任せるのが普通だったし、江戸期の女訓書をみても子どものしつけ役として母親はまったく期待されていない。里子もふだんに行われていた。二〇世紀に入ってもそれはつづいていて、たとえば歌人として名高い与謝野晶子は生涯に一三人産んで一一人を成人させているが、少なくとも三人を里子に出している。そのうち佐保子と名づけられた三女は高津村（現川崎市）の池田家に里子に出され、結局与謝野家にはもどらなかった。いわゆる里子流れである。与謝野家と池田家のあいだに血縁関係はない。

高津の農家では貴重な肥料である糞尿を東京のお屋敷町に仰いでおり、その縁で農家の娘を行儀見習いの女中奉公に出す一方、お屋敷の赤ん坊を里子として預かることが多かったのだ。糞尿というエコロジカルなサイクルを通じて、都市と近郊農村の間に子育ての分業システムが成り立っていたことになる。

それはともかく、近代の国民国家形成にあたっては、身体強健で愛国心つよい国民を必要とする。そのとき子どもは共同体のなかで勝手に育つ「小さな大人」ではなく、国民として育成されるべき存在となる。そのためにつくられたのが学校だが、家庭の役割も大きい。家庭における養育責任者として〈母〉が発見される。ヨーロッパでは一九世紀初めから母乳の価値や母による乳幼児教育の意義が高唱され、母性礼讃の声が高まった。母親は本能的に子どもを愛し、子のための犠牲をいとわない。それは女の特性であり、女であるからには母性本能を持つ——というのだ。これは〈母〉を女性に受容させるために父権社会がでっち上げた神話だとバダンテールはいう。

遅れて近代国家の仲間入りした日本は「富国強兵」を急いだが、そのためにまずやったのが堕胎の禁止による人口増である。〈母〉は、その増えた人口の「質」の向上、つまり、「人種改良」のために、まずは開明派ナショナリストによって発見された。

一八七五年、東京・御茶の水に開校した女子師範学校の初代校長となった中村正直は早くから女子教育の必要性を唱えたが、それは「善良なる母を造る」ことによって人民の「知識上進心術善良品行高尚」をはかり、欧米なみの「文明国家」をつくるためであった。

「人民をして善き情態風俗に変じ開明の域に進ましめんには、善き母を得ざるべからず。絶好の母を得れば絶好の子を得べく、後来我輩の雲仍（子孫のこと――引用者注）に至らば日本は結好の国となるべく、修身敬神の教も受くる人民となるべく、技芸学術の教も受くる人民となるべく、知識上進心術善良品行高尚なる人民となるべし。吾輩は先天の教育の滋養足らず、中年碌々志業なりがたく、窮廬に悲嘆し欧米の開明を羨むのみ。何とぞ吾輩の雲仍は善き母の教養を受けさせたく深望の至りに堪えぬなり。さて善き母を造らんには女子を教うるにしかず」（「善良なる母を造る説」『明六雑誌』一八七五年三月号。一部漢字をひらがなにし、新漢字新かなづかいに改めた。以下同じ）。

中村はロンドン留学中、イギリスの子どもたちと机を並べて勉強した体験から母親の識見が子どもに及ぼす影響の大きさを痛感し、帰国したら女子教育に力を入れよう、日本女性を教育して賢母をつくることこそ外国に遅れをとらない秘訣だと考えたという（山川、一九七二）。

文部大臣森有礼が女子教育振興を言ったのも、子どもの愛国心を涵養するには「天然の教員」である母親にまさるものはないと考えたからだった。また福沢諭吉は「日本婦人論」「女大学評論・新女大学」など数々の女性論を書いて男女平等の論陣をはったが、それは女性のためというよりは西欧にひけをとらない日本人をつくる人種改良策としてであった。当時は高橋義雄の優生思想にもとづく「日本人種改良論」が出され、外国人との雑居・混血が唱えられていた。福沢はこれに断固反対、女性改良による日本人自力改良を提起した。

「我輩が自力に依りて人種改良を行わんとするは、まず日本国の婦人の心を活発にして、したがって其身体を強壮にし、以て好子孫を求めんと欲するの工夫なり」（「日本婦人論」一八八五）。

しかし、当時は儒教の男尊女卑思想も根強い。とくに明治政府の中心となった士族の男たちはそうである。彼らにとって母親は「一時の借り腹」にすぎず、子どもの血統や質は父によって伝えられるべきものだった。明治以後、近代天皇制の確立とともに女性天皇が排除されたのはそのためといえる。

近代以前の天皇家の歴史には八人一〇代の女性天皇が存在する。また天皇家では男子が生まれにくく、生まれても育ちにくいという事実がある。にもかかわらず一八八九年に制定された帝国憲法及び皇室典範は、皇位継承を男系男子に限ることを定めた。その要因に「腹は一時の借りもの」観がある。

一八八二年、自由民権運動の結社嚶鳴社では「女帝を立るの可否」、つまり「女性天皇是か否か」論争が行われた。そこでリーダーの沼間守一はつぎのような女帝否定論を述べた。

「我が国民の多数は子をもって夫妻いずれの血統に属すると認むるや。彼の俚言に、腹は一時の借りものとさえ言うにあらずや。もし然らば人臣にして女帝に配偶し参らせ、皇太子を挙げ給う事ありとも、天下の人心は皇統一系、万邦無比の皇太子と見奉るべきか。余は畏る、人心《ママ》の血統、皇家に混ずるの疑惑を来たし、ためにその尊厳を害するなきやを」(『東京横浜毎日新聞』一八八二年三月二六日)。

つまり、もし女性が天皇になった場合、結婚して皇太子が生まれても「腹は一時の借りもの」であるから、臣下である父親の血統とみなされ、天皇の尊厳に傷がつく恐れがある。したがって皇位は男子に限って、「我皇統に毫末の疑心を懐かしむべからず、万世一系の帝統たることを明白ならしむるを勉むべし」というわけだった。これは一民権家の意見にすぎなかったが、井上毅を通じて伊藤博文に達せられ、女帝排除の皇室制度に結実することになる。さらに民法の家父長制的家制度づくりにも影を落とす。

こうした「腹は一時の借りもの」論にくらべれば、さきの開明派ナショナリストの〈母〉論は進歩的と見える。しかし女の手段化という点では変わりはない。「借りもの」派は家存続のため、開明派ナショナリストたちは「富国強兵」「文明国家」づくりのため。しかもそこには優生思想が色濃くはりついている。とはいうものの、その結果女子教育の整備や体位向上につながった点で女自身にも意味を持った。〈母〉を通じればナショナリズムはきわめてフェミニズムに友好的なのだ。

一九世紀末以来、日清戦争、日露戦争と対外戦争を重ねてナショナリズムがますます肥大化すると、男尊女卑の男たちにも〈母〉の利用価値が理解されてくる。戦争は男たちを家から引きずりだして遠い戦場で死なせる。教育勅語は「義勇公ニ奉シ」とそれを国民の義務とし、「君に忠」であることが「親に孝」でもあるというアクロバティックな「忠孝一致」論を立てた。しかし、忠ならんと欲すれば孝ならず、家の柱と頼む息子が「忠」に走れば親は路頭に迷いかねない。徴兵制の施行にあたっての民衆の抵抗はそのためだった。

そこで「孝」を「忠」につなげ、滅私奉公を子に教え諭す「賢母」が持ち出される。山村賢明の調査によれば、家父長制の建前にもかかわらず、戦前の国定修身・国語教科書における母への言及は父に比べてかなり多い。とりわけ「楠正行の母」、「水兵の母」などはくりかえし登場している（山村、一九七一）。

三　母性の誕生とフェミニズム

しかし、その段階では母性はまだない。先に見たように現在の辞書では、母性に「女性が母としてもっている性質」、「母親としての本能的性質」といった定義を与えている。母性が「性質」や「本能」であれば超歴史的なものということになる。しかし二〇世紀初めまで、日本には「母性」なる言葉はない。当然「母性愛」も「母性本能」もない。言葉としてないということは、そういう事実も概念もなかったということだ。あるいは事実はあっても、それを「母性」や「母性愛」として認識することはなかったということだ。

沢山美果子によれば、「母性」の語は二〇世紀の最初の一〇年間に翻訳語として登場したという（沢山、一九九〇）。わたしの知る「母性」の初出は、『太陽』一九一六年二月号に与謝野晶子が書いた「母性偏重を排す」である。ここで与謝野は、母であることを女の「天賦の使命」とするスウェーデンの思想家エレン・ケイやトルストイを「絶対的母性中心説」として批判した。これにエレン・ケイの紹介者である平塚らいてうが反論し（「母性の主張について与謝野晶子氏に与う」『文章世界』一九一六年五月号）、二人の対立は二年後の母性保護論争に引き継がれる。「母性」の普及はその結果といっていい。つまり「母性」は、まずはヨーロッパからの輸入品として日本社会に導入され、皮肉なことにその批判者与謝野晶子によって普及のきっかけを与えられたわけだ。

しかしこの段階での「母性」には、現在のような本能だの性質だのといった意味合いはない。「母性偏重を排す」で与謝野がいう母性は、ボセイではなくハハセイと読んだ方がいい。「私は母性ばかりでは生きていない。（略）もし私が自分の生活状態に一々名を付けるなら無数の名が要るであろう。母性中心、友性中心、妻性中心、労働性中心、芸術性中心、国民性中心、世界性中心……」

ここでいう母性は、本能や性質としてベタリと女に張りついたものではなく、たまたま〈母である状態〉である。現在では「母性」と訳すはずの英語の motherhood を、当時は「母権」、「母態」と訳していたが、母態とはまさに母である状態。与謝野晶子のいう母性はこの母態と同義である。

いわゆる母性保護論争は、これより二年後、一九一八年よりほぼ二年間にわたって続けられた。そのなかで「母性保護」は一種のテクニカルタームとして定着してゆくが、「母性」が単独で使われることはあまりない。「母性」が使われる場合も現在のような本能、性質といった意味あいはまったくない。山川菊栄や山田わかは依然として「母態」を使い、平塚らいてうは「母の仕事」「母の生活」などと具体的に書いている。

そもそも母性保護論争とは、女が妊娠・出産・育児といった〈母である状態〉を背負うことによる経済的負担をどう考えるべきか、その費用をだれがどう負担すべきなのかをめぐる論争であった。その意味では一九六〇年代初め、磯野富士子の提起によって始まった家事労働の価値をめぐる論争（第二次主婦論争）、また一九九五年北京で開かれた第四回世界女性会議でクローズアップされたアンペイド・ワーク（無償労働）論につながる。家事・育児などの再生産労働や介護などのボランティア活動、また途上国に多い行商や露天商など市場外の労働を含め、女が無償で担っている労働を社会的に価値づけようというのがアンペイド・ワーク論であるが、これは母性保護論争における平塚らいてうの「母の仕事」の意義づけに通じる。

しかしこれはナショナリズムと危うい関係にある。平塚はいう。「元来母は生命の源泉であって、婦人は母たることによって個人的な領域を脱して社会的な、国家的な存在者になるのでありますから、母を保護することは婦人一個の幸福のために必要なばかりでなく、その子供を通じて、全社会の幸福のため、全人類の将来のために必要なことなのでありま す」。したがって「婦人が子供のために労働の能力を失っている期間だけ国家の保護を求める」のは当然の権利だとした（「母性保護の主張は依頼主義か」『婦人公論』一九一八年五月号）。

さらに、

「子供の数や質は国家社会の進歩発展とその将来の運命に至大の関係あるものですから、子供を産みかつ育てるという母の仕事は、すでに個人的な仕事ではなく、社会的な、国家的な仕事なのです」(「母性保護問題について再び与謝野晶子氏に寄す」同、一九一八年七月号)。

平塚にあっては国家と社会は別物とはされておらず、国家に対する警戒心はかけらも感じられない。明治という草創期の国家を担うエリート官僚の家庭に育った故だろうか。それに対して与謝野晶子は、かつて日露戦争にあたって「君死にたまふことなかれ」とうたい、「堺の町の商人」という前近代的家の論理(孝)によって近代的天皇制国家(忠)を批判していた。彼女はさっそくこれを批判した。

「私は子供を「物」だとも「道具」だとも思っていない。一個の自存独立する人格者だと思っています。(略)平塚さんは「子供の数や質は国家社会の進歩発展とその将来の運命に至大の関係がある」と言って、国家主義者か、軍国主義者のような高飛車な口気を漏らされますが、(略)彼らは国家の所有ではなく、彼らが国家を人格の中に一体として所有するのです」(「平塚、山川、山田三女史に答う」『太陽』同、一一月号)。

平塚はこれに答えることなく、かえって優生思想を鮮明にしてゆく。

「婦人の天職はやはり母である。しかし新しい母の仕事はただ子供を産みかつ育てることのみではなく、よき子供を産み、かつよく育てることでなければならぬ。すなわち種族の保存継続以上に種族の進化向上を図ることが、生命という最も神聖なる火焔を無始から無終へと運ぶ婦人の人類に対する偉大な使命であらねばならぬ」(「社会改造に対する婦人の使命」『女性同盟』一九二〇年一〇月号)。

平塚は母性保護論争を通じてはっきりと女性のアイデンティティを〈母〉に置き、フェミニズムの柱として母性主義を掲げた。そのとき母の価値づけを国家による認知に求める限り、優生学との癒着は避けられない。「品質保証つき」の子どもの生産者である方が、より高く母を国家に売り込めるからだ。しかし平塚の母性主義は、少なくともこの段階では「母性本能」や「母性愛」といった神話とは切れている。

神話的な、メタファとしての母性をフェミニズムの柱として立てたのは高群逸枝である。彼女は平塚の「思想的妹」を自認しているが、平塚の母性主義とは異なる。一九二六年、高群は『恋愛創生』を書いて「新女性主義」と称する母性主義フェミニズムを提唱した。そこで彼女は母性を本能、つまり自然とし、神話的な「母性愛」を褒めたたえる。

「教育の自然化、自然を重んずる教育というものは、ひっきょう、母性愛の教育ということになる。母性愛、すなわち大地の愛は、ごうも打算的でなく、強圧的でない。伸びるだけ伸ばし、生きるだけ生かそうとする純真な愛からなり立っている」。

こうした「新女性主義」からすれば、エレン・ケイの母性主義は人為的・功利的であるゆえに徹底的に批判される。たしかにケイの思想には当時流行の優生思想が反映している（中村、一九九六）。平塚らいてうはケイに大きな影響をうけており、高群はケイ批判に名をかりて平塚を批判したのかもしれない。

高群の新女性主義には優生思想はない。逆にそうした生命の序列化・選別を否定し、生命を生命としてあるがままに受け入れようとする。これを母性の自然、本能とし、人為的功利的都市文明や父権社会に対置する。

だとすれば、高群の母性主義は家父長的な国家をこえるものであるはずだ。しかし高群はいう。

「新女性主義こそ世界に対して、日本婦人のする、最初の提唱であろう。私は予想する。日本婦人の活動を、知的聡明を」。

なぜ「日本婦人」なのか。高群には、西欧＝文化＝男性、アジア＝自然＝女性という、今ではそれ自体が西欧製であることが明らかにされている二項対立的発想がある（サイード、一九九三）。この『恋愛創生』の前に書いた「愛する祖国に」（『婦人と労働』一九二五年八月）でも、高群は同様のことを書いている。「私達は最初「東洋的」である宗教と文明を受け入れました。それは結局私達を息づまらせました。次に私達は、西洋的である宗教と文明を受け入れました。そして最早それも私達を息づまらせようとしているのです。私達は私達の来るべき「新東洋主義」の黎明が、必ず私達の祖国から生まれるものであることを信じています。」

ここでいう「新東洋主義」と「新女性主義」は同じ構造にある。この六年後に高群は、三尺の机の上にただ一冊、本居宣長の『古事記伝』をおいて女性史研究を始めるのだが、宣長のいう「からごころ」批判はすでにこの時期から高群自身のなかにあったわけだ。

そしてこのころから、母性という言葉は一時的な「母である状態」や「母の仕事」ではなく、現在の辞書にみられるような女に張りついた「性質」「本能」となる。それは「愛」と結びつくことでさらに神話性を肥大させる。一九一五年に『嫁ぐ娘へ』と題して刊行された女性による育児日記が、一九二八年の再刊にあたって『母性愛日記』とタイトルを改められたのは一九二〇年代後半における神話の定着を裏づける（沢山、一九九〇）。

四　戦争と母性

母性は近代国民国家とともに誕生したものであってみれば、戦争となれば大動員されるのは当然である。とくに「人的・物的資源」(「国家総動員法」第一条、一九三八)の消耗戦として戦われた第二次世界大戦では、「人的資源」の補給者として生物学的母性が動員された。それはイギリスでもアメリカでもそうだったが、とりわけ急進的ナショナリズムを柱とするファシズム諸国ではその度合いが強い。ドイツでもイタリアでも女は職場から追い立てられ、人的資源増強のための「子産み機関」とされた。「総統の子」を産むドイツ女性は「気高いワイン」とたたえられ(姫岡、一九九五)、イタリア女性は、「子供を産みなさい、たくさんの子供を、数は力だ」と叱咤された(伊田、一九九五)。

日本はドイツ、イタリアと同盟を結び、同じファシズム陣営で第二次世界大戦を戦った。そして同じように人的資源補給のために母性を大量動員した。それはつまりは戦争で死なせるための子どもを数多く産ませるということだったが、さしあたりは国家による母性保護となってあらわれた。一九三七年、日中全面戦争が始まってからあたふたと国家によってとられた母性保護政策の数々を見ると、この国がいかに民衆の福利厚生に無関心だったかがよくわかる。

そもそも厚生省も軍の強い要望によって戦争のために設立されたのだ。当時「青壮年間における結核病の蔓延、学生生徒間における近視及び歯の累増、壮丁検査にみる筋骨薄弱者の激増等まことに寒心すべき状態」があり、「東亜の盟主、世界の指導者として、国力の飛躍的増進を図ることを急務とする現下の情勢に鑑み、この憂うべき状態は一日も早く改善されなければならない」からである（『週報』第六五号、一九三八年一月一二日）。その結果、結核対策や母子衛生を目的に保健所がつくられ、保健婦が誕生することになる。

母子家庭の生活扶助のために母子保護法が成立したのも戦争のためだった。これは一九二〇年前後から制定運動が続けられており、とくに三〇年代初めは不況による母子心中が多発したことから社会民衆婦人同盟などが強力な運動を展開した。しかし結局成立したのは一九三七年、戦争によって母子家庭の多発が明らかになってからである。

戦争が長期化の様相を呈すると、直接的に「人的資源」増強がはかられた。まず「産めよ増やせよ」の掛声がたかまり、「優良多子家庭」が表彰される。これには「父母を同じくする満六歳以上の嫡出の子女十人以上を自ら育成したること」という条件をはじめ、両親も子供もすべて心身健全で、戦役事変などによるもの以外には死亡者がいないことなどたいへん厳しい条件がついていたが、一九四〇年一一月三日、第一回表彰では一万六二二人の母親が対象になっている。

翌四一年一月には「人口政策確立要綱」が閣議決定された。そこで「昭和三五年内地人口一億」、つまり二〇年後に日本民族を一億人にするとの目標が掲げられ、その達成のため男二五歳、女二一歳未満で結婚せよ、一夫婦平均五人の子どもを産め、という目安が示された。当時日本の女性にはもともとリプロダクティブ・ライツなどありはしなかったが、ここで国家によるあからさまな統制が始まった。

つぎは「質」の問題である。一九四〇年五月一日、日本初の国立「優生結婚相談所」が東京・三越デパート六階にオープンした。優良な人的資源増産のために、「悪い遺伝のない人」とより早く結婚をさせるためである。そして一九四一年七月、ナチスにならって国民優生法が施行された。その目的は、「悪質な遺伝性疾患の素質を有する者の増加を防遏すると共に、健全者の増加を図って、国民素質の向上を期すること」。四一年から妊娠の届出が義務づけられ、妊産婦手帳が交付されるようになったが、これも母子保護というよりは優生的発想による。

この優生思想が、戦後制定された優生保護法にひきつがれたのは冒頭で述べた通りである。戦中の「産めよ増やせよ」に対して戦後は一転して人口抑制がはかられた。にもかかわらず堕胎罪を撤廃して中絶を解禁しなかったのは、ひたすら「民族逆淘汰」を恐れたからである。参議院厚生委員会における谷口弥三郎の優生保護法提案理由によれば、子どもの将来を考えて産児制限をするのはインテリ階級であり、「無自覚者や低能者」はやろうとしない。その結果、「国民素質の低下すなわち民族の逆淘汰が現れてくる恐れ」がある。したがって「かかる先天性の遺伝病者の出生を抑制することが、国民の急速なる増加を防ぐ上からも、又民族の逆淘汰を防止する点からいっても、極めて必要であると思いますので、ここに優生保護法案を提出した次第であります」(『国会制定法審議要録一九四七―四八』)。

五　母性主義とナショナリズム

こうした戦時下の母性保護はあくまで侵略戦争遂行のためであり、ナショナリズムに従属する。しかしフェミニストたちは、おおむねこれを歓迎している。それは平塚らいてうや山田わかのような母性主義者に限らない。逆に平塚などは、日中戦争開戦以来にわかに母性が持てはやされる状況には違和感をもったようだ。「戦時下の婦人問題を語る座談会」(『文藝春秋』一九三八年一一月号)で、彼女は国家による母性利用への危惧をいささか口ごもりつつ表明している。

「国家は、国家としての立場から、優秀な第二の国民をつくることが国運の発展のため何よりも大切なことであり、それには子供を産み育てる母親を、それからまた産み育てる場所である家庭を尊重し、それを守らねばならないということになってきます」。

「今、事変下で幾らか今仰言ったような国家的な立場からのもこの際加味されて来そうになっているのじゃないでしょうか」。

それに対して、一九二〇年代から女子労働問題に関わってきた社会主義フェミニストの帯刀貞代は、「荒木さんがヒトラー・ユーゲントの参りました時に独逸の母のことを言われたとか何とかいったことはございましたけれども、でも、それで今政策的に母性問題をどうというよりは、やはり実際の問題じゃないでしょうか」と、ようやく国家が現実に苦しむ母と子に目を向けたことを評価している。

女権主義的フェミニストたちもこぞって母性主義者になった。とりわけ女性参政権獲得運動のリーダーだった市川房枝は、日中戦争開戦後いちはやく婦人団体連盟を結成して戦時下の母性保護問題にも取り組んだ。彼女には優生主義的文章もある。

「かくて産み、育てることは、母親一人の、ないしはその家庭の私事ではなく、国家民族の公事として取り上げられることになりましたことは、産むものの立場として肩身広く、嬉しいかぎりであります。国家のこの要望に対して、婦人は、今こそ民族の母としての自覚をしっかり持ち、量、質とも優良なる日本民族を産み、育成するよう努力しようではありませんか」（市川、一九四三）。

戦時下において母性主義は一番抵抗の少ない女性問題への糸口だったし、それによって現実に救われる母と子も存在した。女性の職業や社会参加の拡大もあった。母子保護法の成立は民生委員の前身である方面委員を誕生させ、保健所の開設は保健婦というプロフェッショナルな女性職業を誕生させた。優生結婚の奨励は結婚相談員を生み出した。

母性主義の強いドイツでは、一九世紀以来女性の「母性的特性」を評価して福祉・教育的職業への女性の進出があったという（姫岡とし子、一九九二）。それがナチ時代には「子産み」のために「家庭へ帰れ」となったわけだが、日本ではあくまで「母性的特質」においてではあるが、職場進出につながったのだ。

それだけでなく日本では、メタファとしての母性が社会的に大活躍している。一九三一年九月、日本は柳条湖事件（満州事変）を引き起こして一五年戦争に突入するが、その直後に誕生した国防婦人会は、メタファとしての母性の組織化といえる。会員たちは白いかっぽう着にタスキ掛け、出征兵士の見送りや慰問活動に寝食を忘れて働いた。それは男たちを兵士として十全に働かせるためであり、つまりは死に追いやるものだったが、元兵士たちへのアンケートにはその母性的活動への感謝が書かれている。

「国防婦人会の人は、自分の母であり、姉であり、自分たちのためにしてくれているので、大変嬉しかった」。

「献身的な活動に感謝した」。

「かっぽう着姿にタスキ掛けの国防婦人会の皆さんは、とても心強く励ましになった。

また、安らぎを感じさせられた」（創価学会婦人平和委員会編、一九八七）。

国防婦人会だけでなく、戦時下の日本ではあちこちで「兵隊ばあさん」「兵隊母さん」が誕生し、兵士たちとの間に個別の家庭を越えた〈母と息子の物語〉が生まれた。戦傷兵を目の当たりにした華道教師・萩萩月は「皇軍」慰問を思い立ち、「黒髪は砂塵によごれ、顔は硝煙に焦げ、手足は垢につつまれながら、ただかわらぬ一すじの母心ばかり、傷病勇士の枕元の母となって行って上げよう」と延々六万キロの戦線慰問の旅をした。彼女は行く先々で「兵隊母さん」と呼ばれ感謝された（萩、一九四二）。

一九四四年秋、敗色極まった日本は特攻作戦と称して飛行機による体当たりという自殺戦術をとる。鹿児島県知覧の特攻基地近くで旅館を経営する鳥浜トメは、死に向かう若者たちにじつの母親も及ばない世話をして「特攻おばさん」と呼ばれた。若者たちは彼女の面影を刻んで出撃したのだ（朝日新聞西部本社編、一九九〇）。

なぜ日本では、こうしたメタファとしての母の活動が活発に展開されたのだろうか。彼女たちのなかには動員されたというよりは、すすんで、生き生きと活動した女性も多い。そしてマスコミには母性論、母性賛歌があふれている。作家の窪川（佐多）稲子はそれに対する違和感を次のように述べている。

「突然相次いで目の前に突き付けられる母性論に対して、どういうわけなんだろうという疑問も湧くのである。母性論が流行になるなんて、なんだかおかしい。常に絶えず読まれる書として、子女教育の参考書がある、というのなら大変よくわかるのだが、母性論が流行になるとは。

ヒットラーが出産を奨励した。ヒットラーが、女は家庭に帰れと叫んだ、などということは、今ここで触れないでおいてもいい。ここでは四、五冊の母性の書に反映した、私たち婦人、母の生活の中に、問題をたぐってみたい」(「母の自覚と混乱」一九三七年四月、初出誌不明、『女性の言葉』一九四〇、高山書院)。

そして窪川はこう結論づける。

「母たちは、母の生活の中に信念を持ち得なくなっているのである。形態のみは従来の家庭生活のなかで、母の生活は内容的に非常に稀薄になっている。『母性』という神秘化された概念としての母親でなく、一軒の家の中で、一つの家庭の中で、子供を育てる母親の生活が稀薄になっているのである」。

近代化の中で家庭の生産的意義が失われ、母親の生活が稀薄になっていることが「『母性』という神秘化された概念としての母親」、つまりメタファとしての母性の肥大化を生んでいるというのだ。

当時何冊も母性論をものした伊福部敬子は、その著『母の世紀の序』(伊福部、一九四〇)で、

「戦争と母性尊重とは、つねに時を同じうしておこる。一はたたかいであり、一は平和の象徴とせらるるこの二者が、同時にあるは不思議に似て不思議ではない」とする。その理由は、戦時下では子どもの育成が母一人の責任になること、生産方面にも動員されるので母性保護が重要になること。さらに「心理的理由」もあるという。

「戦いを前にして子を思い、子を育つる母を思う切々たる父の心の総和は、母性尊重、母性讃仰となり、社会的にあらわれて母性保護の立法となり、その施設となって形をとる」。死に直面せざるをえない戦争が男たちに母性を求めさせるというのだ。たしかに兵士たちの死に臨んでの叫びは、「天皇陛下バンザイ」ではなくて「おっかさん」だったというのはよくきく話である。

しかし、そこにこそ戦時下において天皇制の恐るべき肥大化の原因があったのだといえる。天皇は「大元帥陛下」として戦争を指揮し、男たちを死に追いやる存在でありながら、一方では「慈母」として讃仰されているのだ。

「皇祖皇宗のおんみ霊を体現したまい、兵を率いては向うに敵なく、蒼生を隣んでは慈雨よりもゆたかなおん方。

われらの心は恋に燃え、仰ぎ見ることはおそれ憚りながら、忠良の兵士の若いかがやく目は、ひとしくそのおん方の至高のお姿をえがいていた。われらの大元帥にしてわれらの慈母。勇武にして仁慈のおん方」（原文は旧仮名、傍点引用者）。

「などてすめろぎは人間《ひと》となりたまいし」のリフレインで知られる三島由紀夫の「英霊の声」の一節である。これは作家三島のたんなる幻影の産物ではない。一九三〇年代、国家は天皇を「大元帥陛下」として屹立させる一方、積極的に「慈母」イメージで売り込んでもいるのだ。その相反するイメージをつなぐのは〈自然〉である。この〈自然〉はいわゆる自然界ではなく、本居宣長が「からごころ」に対する「やまとごころ」として立てた「自然《じねん》」（＝自ずからなる）である。一九三〇年代後半、大々的に流布された「国体」論の理念的柱がそれである。

「個人の集団を以て国家とする外国に於ては、君主は智・徳・力を標準にして、徳あるはその位に即き、徳なきはその位を去り、（略）或は又主権者たる民衆の意のままに、その選挙によって決定せられる等、専ら人の仕業、人の力のみによってこれを定める結果となるのは蓋し止む得ないところであろう。（略）然るに我が国に於ては、皇位は万世一系の皇統に出でさせられる御方によって継承せられ、絶対に動くことがない。さればかかる皇位にましますす天皇は、自然にゆかしき御徳をそなえさせられ、従って御位は益々鞏く又神聖にましますのである。臣民が天皇に仕え奉るのはいわゆる義務ではなく、又力に服することでもなく、止み難き自然の心の現れであり……」（文部省、一九三七、傍点引用者)。

つまり、日本の国家は天皇を祖として〈自然〉に生まれた家族国家であって、他の国々のように人為的に形成されたものではない。したがって天皇と国民の関係は支配服従ではなく、親子のような自然な関係にあるというのだ。

その親子関係は、父と子というよりは母子関係である。父は〈自然〉を背負えないからだ。父は「認知」という制度を経ないかぎりわが子をわが子とし得ない。〈自然〉を権威の根拠とするかぎり、天皇は父ではなくて〈母〉である。『国体の本義』によれば、天皇は国民を「赤子」として「一視同仁」、わが子として平等に「愛撫」し「愛護」し「愛養」する。こうした「愛」の多用をみると、メタファとしての母性のコンセプトによる天皇制の価値づけがみえる。上野千鶴子はこれを「女装した家父長制」と呼ぶ(上野、一九九五)。

そして〈自然〉による母性賛歌といえば高群逸枝である。『恋愛創生』において、早くも〈自然〉的母性を「世界に対して、日本婦人のする、最初の提唱」としていた高群は、戦争の深まりとともに「女装した家父長制」としての天皇制賛歌をうたい上げる。そして彼女は「家族心は、日本国体のよって立つ原理であり、ついに世界救済の福音たるべきもの」として、「八紘為宇」、つまり世界中を天皇を親とする一つの家にするという侵略の論理をも正当化する(「たおやめ」『日本婦人』一九四四年一一月号)。ここでいう「家族心」は母性と言い換えてもよい。いずれにしろ、西欧の「近代的自我」の対極にあるものだ。

六　母性はナショナリズムを超えられるか

以上見たように、日本近代における母性は、生物学的なものであれメタファとしてのそれであれ、ナショナリズムと癒着し、ナショナリズムを支えるものになってしまった。

一五年戦争開始にあたって、母性による国家を越えた連帯が提起されたことはあった。たとえば市川房枝は、一五年戦争が開始された直後に『東京朝日新聞』（一九三一年一一月一八日）紙上で戦争の不拡大と早期解決を説き、そのためには女性は「人類の母」であることを自覚し、日中両国の女性が「手を握って、親密に助け合う道を見つけることが急務でしょう」とのべている。

また基督教婦人矯風会の久布白落実やガントレット・恒は、上海の五女性団体から柳条湖事件に対する抗議をうけ、「日中両国婦人は今後根本的親善をはかり、その最も愛する子女の教育において互いにすべての排他的行為を捨て、東洋平和の支持者たるべき責任を尽くすべきものなるを信ず」といった声明を発表した。そして久布白みずから日中女性の交流をはかるために中国におもむいている。しかし侵略国の女が自国の責任を問うことなく被侵略国の女性に連帯を求めても、受け入れられるはずはない。彼女たちを迎えた中国女性たちの態度は冷たかったという（久布白、一九七三）。

しかしこの世紀末にあたって、人為的功利的都市文明と父権制によって食い荒らされた生命世界をみるとき、メタファとしての母性はかがやかしい。オーストリアの社会学者クラウディア・ヴェールホフは、核に象徴される家父長制を解体するものとして「母権制」を提起する。「ここでいう母権制とは、支配のない、国家のない社会ということです」（ヴェールホフ、一九九五）

ユダヤ・キリスト教の一神教文化のなかで育ち、「父の国」としてファシズムを体験したヨーロッパのフェミニストが、その抑圧を解体するものとして母性に希望を見るのはよくわかる。しかし、「支配のない、国家のない社会」としての「母権制」とはどのようなものなのか。それが「女（母）装した家父長制」ではない保障はどこにあるのか。ヴェールホフが「西洋文明に内在する憎悪、つまり文明国の男たちの進歩に内包されてきた憎悪」に、母親としての「愛」を対置するのを見るとき（ヴェールホフ、一九八九）、『恋愛創生』における高群逸枝を想起しないわけにはいかない。

女のアイデンティティを母に求めるかぎり血の原理はつきまとう。となれば、たとえ人為的な〈国家〉は解体しても自然性の共同幻想を背負いやすい〈民族〉からは自由になりがたい。そしてユーゴスラヴィア解体後にみられるように、民族主義としてのナショナリズムも国家主義としてのそれに劣らず苛酷きわまりないものなのだ。

だとすれば、母性はついにナショナリズムの婢女でしかありえないのだろうか。

母体、あるいはその可能性ゆえの保護ではなく、女のからだに対する自己決定権としてリプロダクティブ・ヘルス／ライツを確立すること。これはナショナリズムを回避する一つの道だろう。しかし、残念ながら自己というのはそれほど信用できるものではない。それがカッコイイといわれれば、昨日までは思いもよらなかった「だらしな系」ファッションがほんとうにカッコよくみえるのが〈自己〉というものなのだ。

となれば、それを踏まえて〈自己〉そのものを解体する、あるいは多元化する戦略はどうだろうか。つまり、意図的に「混血」や多重国籍を選択するということだ。その生きた実例が鄭暎惠である。彼女は非婚のまま、混血で多重国籍の子どもを産んだ（鄭、一九九五）。

しかし、これは誰にでもできることではない。とくに「混血」など、かつての「内鮮結婚」にみられるように、うっかり理念化すればたちまち拡大主義的ナショナリズムの論理になってしまう。

母性主義をナショナリズムから救出する道は、いまだにわたしにはみえないままである。

引用文献

朝日新聞西部本社編、一九九〇『空のかなたに――特攻おばさんの回想』葦書房
アリエス、フィリップ、一九八〇、杉山光信・杉山恵美子訳『〈子供〉の誕生』みすず書房
伊田久美子、一九九五「男は戦争、女は母性」『ニュー・フェミニズム・レビュー』6、学陽書房
市川房枝、一九四三「婦人と国家」『戦時婦人読本』昭和書房
伊福部敬子、一九四〇『母の世紀の序』萌文社
上野千鶴子、一九九五「オリエンタリズムとジェンダー」『ニュー・フェミニズム・レビュー』6、学陽書房
ヴェールホフ、クラウディア、一九八九「こどもを進歩のいけにえにはさせない」『チェルノブイリは女たちを変えた』社会思想社
ヴェールホフ、クラウディア、一九九五「母性は世界を救う?」『ニュー・フェミニズム・レビュー』6、学陽書房
久布白落実、一九七三『廃娼ひとすじ』中央公論社
サイード、エドワード、一九九三『オリエンタリズム』平凡社ライブラリー
沢山美果子、一九九〇「子育てにおける男と女」女性史総合研究会編『日本女性生活史四 近代』東京大学出版会
創価学会婦人平和委員会編、一九八七『かっぽう着の銃後』第三文明社

鄭暎恵、一九九五「アイデンティティからの自由」『ニュー・フェミニズム・レビュー』6、学陽書房
中村幸、一九九六「婦人雑誌にみる産児調節問題」『大正期の女性雑誌』大空社
萩萩月、一九四一『火線の母』婦女界社
バダンテール、エリザベト、一九九一、鈴木晶訳『母性という神話』筑摩書房
姫岡とし子、一九九一「〈家族の母〉・〈社会の母〉・〈国家の母〉」上野千鶴子・鶴見俊輔ほか編『シリーズ変貌する家族1　家族の社会史』岩波書店
姫岡とし子、一九九五「『女性蔑視』と『母性礼讃』」『ニュー・フェミニズム・レビュー』6、学陽書房
ブライデンソール、レナード／グロスマン、アテナ／カプラン、マリオン編著、一九九二、近藤和子訳『生物学が運命を決めたとき　ワイマールとナチスドイツの女たち』社会評論社
文部省、一九三七『国体の本義』
山川菊栄、一九七二『おんな二代の記』平凡社東洋文庫
山村賢明、一九七一『日本人と母――文化としての母の観念についての研究』東洋館出版社

参考文献

天野恵一・加納実紀代編、一九九〇『反天皇制』社会評論社
江原由美子編、一九九五『日本のフェミニズム5　母性』岩波書店
女たちの現在を問う会編、一九七七〜一九八五『銃後史ノート』一〜一〇号、JCA出版
鹿野政直・堀場清子、一九七七『高群逸枝』朝日新聞社

加納実紀代、一九八七『女たちの〈銃後〉』筑摩書房、増補版インパクト出版会、一九九五
加納実紀代編、一九九〇『自我の彼方へ――近代を超えるフェミニズム』社会評論社
加納実紀代編、一九九五『ニュー・フェミニズム・レビュー6　母性ファシズム』学陽書房
香内信子編、一九八四『資料母性保護論争』ドメス出版
鈴木裕子編、一九九五『日本女性運動資料集成』七巻（生活・労働Ⅳ）、一〇巻（戦争）、不二出版
丸岡秀子編、一九七六『日本婦人問題資料集成』八巻（思潮上）ドメス出版

（『岩波講座　現代社会学19　〈家族〉の社会学』岩波書店　一九九六年）

当事者性と一代主義

ひとはみな、女から生まれる。これは真実である。生殖技術の発達は目覚ましいが、いまのところ、ともあれひとは女から生まれている。

ひとはみな、世話されて育つ。これもその通りである。ひとは生まれた段階では一人では生きられない無力な存在であり、世話されることを不可欠とする。

では、産んだ女＝世話するひとだろうか？　わたしたちはふつう産んだ女を母と言い、母に世話されて育つことを当然としている。しかし、産んだ女＝母＝世話するひとは歴史を通していえることではない。この小論では〈産んだ女（＝母）＝世話するひと〉を「母」とし、その歴史構築性をみた上で、日本の第二波フェミニズム（ウーマンリブ）がその「母」殺しでもあったことを明らかにする。その上で第二波フェミニズムのキーワードである自己解放・当事者性と一代主義の問題を、３・11以後の母親の運動との関連で検討する。

Ⅰ　近代国民国家と「母」の誕生

前近代において、母は必ずしも産んだ子どもの世話をする人ではなかった。たとえばエリザベト・バダンテールによれば、一八世紀のフランスでは、貧富をとわず都市の子どもが農村に里子に出されることが多かった。フランス革命直前の一七八〇年、首都パリでは一年間に産まれた二万一〇〇〇人の子どものうち、母親に育てられたのは一〇〇〇人以下、一〇〇〇人は住み込みの乳母に育てられ、残り一万九〇〇〇人は里子に出されたという(1)。

日本でも前近代においては、ふつう上流階級の女性は跡取りを産む道具、育てるのは乳母だった(2)。里子の風習は庶民の間にも広がっており、一〇世紀初めまでつづいていた。歌人で評論家で詩人の与謝野晶子は生涯に一三人の子を産み、一一人を育て上げたが、少なくとも三人は里子に出している。そのうち三女の佐保子は高津（現川崎市）の農家に里子に出され、そのままその家の養女になった。いわゆる里子流れである。江戸時代から溝口は大山街道を通じて大消費都市江戸に野菜を運んでおり、その関係でお屋敷町の赤ん坊を里子として預かるサイクルが成立していたのだ。

産んだ女（＝母）が生まれた子の世話をするのが当然となったのは、近代国民国家成立以後である。近代国民国家は国民の再生産者として母を重視した。一八世紀フランスの啓蒙思想家ルソーはその先導者だった。彼は子どもの心身の健全な発達にとって母乳や母による乳幼児教育の意義をいい、母性を礼賛した。それは家父長制大家族のなかでおとしめられていた女の地位を高めたが、公私二元体制のもと近代家族の母役割に女を幽閉することになった。

それを女に受容させたのが母性の自然化である。女には生まれながらに子どもを慈しみ育てる母性が備わっている。母性は女の本質であり、自然である——。母性神話の誕生である。日本では一九世紀末から「良妻賢母」づくりが女子教育の柱となり、「母」は規範となったが、母性神話の成立は一九二〇年代、都市中産階級の成立による。

それは当然異性愛主義の定着強化につながる。よく知られているように、日本の前近代は男性同性愛に寛容だった。江戸時代には衆道と称して異性愛より価値が高いとされていた。「明治」になって欧米の影響もあり、一八七三年、鶏姦条例をだして同性愛を禁止したが、二〇世紀に入ってからは科学的装いのもとに「変態」などとして治療の対象にした。

近代国民国家の成立によって誕生した「母」は、ナショナリズムと親和的だった。戦争は消耗する「人的資源」の補充・増強を必要とする。そのため日本では「産めよ増やせよ」と多産が奨励され、母性が礼賛された。また軍事援護団体国防婦人会は白いかっぽう着に身を包み、「母や姉妹のように」兵士たちの世話をした。白いかっぽう着が「お母さん」の象徴になるのはそれ以後のことである。しかし国防婦人会の活動は、結局は男たちを戦場に送り出すためであり、戦争を推進するものだった。

Ⅱ　反核運動と「母」

戦後、「母」は一転して平和の象徴になる。広島の平和公園入口には子どもを胸にかかえて必死に守る「嵐のなかの母子像」があり、舞鶴の引揚げ公園には「平和の像」として母子像が建っている。ここには「ああ、母なる祖国」という大きな碑があり、さらに「岸壁の母」岸野いせのレリーフや立派な歌碑もある。各地の公園でも、平和の像は圧倒的に母子像である。

戦後「母」が平和の象徴になったのは女性による反核運動と関連がある。二〇一一年一一月、福島原発の事故を受けて「脱原発をめざす女たちの会」が結成された。結成にあたって出された「女たちの脱原発宣言」にはこんな文言がある。「被爆国日本で反核の街頭署名にたちあがり、日本と世界に核廃絶運動を広げる原動力となったのは女性たちでした。その女性たちの力で、今再び世界に新たな価値観を示し、原発に頼らない社会を実現したいと、私たちは願っています。」

ここにある「反核の街頭署名」というのは、一九五四年三月、アメリカがソ連に対抗するため西太平洋のビキニ環礁で水爆実験を行い、マグロ漁船第五福竜丸が被曝したのを契機に女性たちが原水爆禁止署名運動に立ち上がったことをさす。運動はまず東京から始まったが、たちまち全国に波及し、翌年八月までに三二〇〇万の署名が集まった。当時の日本の人口は九〇〇〇万弱だったから、三二〇〇万の署名はまさに国民運動だったということだ。こうした盛り上がりを背景に、一九五五年八月、広島で第一回原水爆禁止世界大会が開かれ、いまもつづいている。

女性たちの立ち上がりは、母親大会という女性独自の運動も生みだした。一九五四年秋、日本婦人団体連合会（婦団連）会長平塚らいてうは、パリに本部がある国際民主婦人連盟（国際民婦連）に「原水爆反対日本婦人の訴え」を送った。これを受けて国際民婦連では、一九五五年二月、世界母親大会を七月にスイスのローザンヌで開催することを決定し、会長ウージェニー・コットンによるアピールを出した。六月、日本では、世界母親大会への代表選考をかねて日本母親大会を開催。厳しい状況のなか地域のカンパに支えられるなどして全国から二〇〇〇人の女性が集まり、三日間にわたって集会が開かれた。これは「涙の母親大会」としてマスコミに取り上げられ、戦後女性史を画するものとなっている。

ここで選ばれた代表一四人は、七月、ローザンヌでひらかれた世界母親大会に参加した。大会ではギリシャの女性詩人ペリディスの詩が読み上げられたが、その一節「生命を生みだす母親は、生命を育て、生命を守ることをのぞみます」は翌五六年第二回大会から母親大会のスローガンになり、会場に掲げられることになった。現在も毎年ひらかれる母親大会にはこのスローガンが掲げられている。

第二波フェミニズムをくぐった現在から見ると、ここにはいくつか問題がある。まず「母」の本質主義化である。先に見たように「母」は歴史的に構築されたものだし、国防婦人会のように戦争に協力したこともあった。あくまで「産む」に依拠して、守り育てる母が聖化されていることも問題だ。それはこの時期、大衆化しつつあった性別二元体制にもとづく近代家族に適合的であり、当然異性愛主義の強化につながる。

そして家族における性別分業だけでなく、平和＝女性／経済発展＝男性という社会的性別分業にもつながったといえる。当時は女性たちによる原水禁運動の盛り上がりの一方で、男たちは「原子力の平和利用」、つまり原発の導入に腐心していた。母親大会や原水禁世界大会が開かれた一九五五年はまさに五五年体制成立の時期であり、高度経済成長の起点である。経済界は経済発展に向けたエネルギー政策として原発導入をはかり、原子力三法を制定、五六年には原子力委員会が発足している。

そして母親大会もこうした動きに反対するどころか、じつは推進したとさえいえるのだ。国際民婦連会長ウージェニー・コットンはマリー・キュリーの愛弟子の物理学者だったが、一九五五年二月に出した世界母親大会開催のアピールで、「原子力の平和利用」推進論を展開している。「私たちは、原子力の平和利用を発展させることを、全力をあげて応援します。(略)原子エネルギーは石炭とちがって運びやすく、軽くて、ウラニウム一キロが石炭三〇〇トンの熱量を与え、人類のためにどんなに役立つものであるかを知っています。それがあれば、後進国は産業施設を備えて、経済的従属と欠乏から解放されるのです。また、人類全体の物質的困難を、かなり緩和できるのです。とくに、母親の毎日の仕事はとても楽になるはずです[3]」。

一九五五年八月の第一回原水禁世界大会も、その大会宣言で、「原子戦争を企てている力を打ち砕き、人類の幸福と繁栄のために原子力を用いなければならない」と、「原子力の平和利用」を容認している。それを報じる『婦人民主新聞』(現『ふぇみん』)の見出しは、「原子力は人類の繁栄のために」である。原発は兵器としての原爆とはまったくちがうという認識は女性平和運動にも共有されていたのだ。その中で女性たちは核兵器反対の平和運動をにないつつ、経済発展に突っ走る男たちの銃後を支えることになる。

Ⅲ　リブ（第二波フェミニズム）は「母」殺しだった！

一九七〇年代初めにおこったウーマンリブはいまでは第二波フェミニズムと呼ばれるが、平和の象徴として聖化された「母」殺しから始まったといえる。リブの誕生はふつう七〇年一〇月とされるが、前年六九年一〇月、母親大会の有力な参加団体日本婦人会議（社会党系）は母親大会への不参加を決めた。それを提起した飯島愛子は、母親大会について「母親性を物神化することによって逆に平和とか、いのちとかいうものが抽象化され、神聖視されていかなかっただろうか」と批判している[4]。

リブの先駆とされる森崎和江は、すでにその一〇年前、個人通信において「『母』は『水』などと同じ言葉の質を持っているはずです。ところが、それが何か意味ありげなものとして通用しています。まるで道徳のオバケみたいに、献身的平和像、世界を産む母などという標語をくっつけて」と「母」を批判していた[5]。飯島の発言はこの森崎の批判に通じる。一九七〇年八月、飯島らは「侵略＝差別と闘うアジア婦人会議」を開催し、被害者意識にまみれた女性運動からの脱却をめざした。田中美津はこの会議を跳躍台としてリブグループを立ち上げて行く。

一九七一年、女による子殺しがマスコミで大きく取り上げられ、「母性喪失」を嘆く声が高まった。そのなかで田中美津ら「ぐるーぷ闘うおんな」は、「子殺しの女に連帯する集会」を開催した。その呼びかけのビラには、「労働力商品としての女の低賃金を自然化し、家事の無償労働化を自然化し、育児を女の唯一の「生きがい」とさせる」構造や、母の日、母親大会への痛烈な批判がある。七三年五月の母の日には、「「母の日」なんて、アッハッハ」という横断幕を掲げて高田馬場駅前をデモした。

一九七三年、経済的理由による中絶を禁止する優生保護法改悪案が国会に上程された。リブの女たちは全力をあげて反対運動に取り組んだ。そのスローガンは当初、「産む産まないは女がきめる」だった。これは二〇年後の一九九四年、カイロで開かれた世界人口会議で採択されたリプロダクティブ・ライツ（性と生殖に関する自己決定権）の先取りといえる。しかしこれに対して、障がい者団体から抗議がでた。障がい者を生みたくないために中絶の権利を守るのか、自分たちを抹殺するのかという抗議である。大議論のすえ、スローガンは「産める社会を、産みたい社会を」に変えられた。のちに、運動を担った女性のひとりは、このスローガンは強制異性愛社会を疑っていない点で問題があると自己批判している。(6) たしかに当時リブは性の解放を唱えたが、それは一夫一婦の婚姻制度への批判であり、異性愛主義は問題にしていない。七〇年代リブの限界といえるかもしれない。

Ⅳ　当事者性と一代主義

リブは聖化された「母」に自らをあずけることを拒否し、生身の女としての自己解放をもとめた。誰かによる解放ではなく誰かのための解放でもなく、あくまで解放の主体は自分自身だとだとする当事者性の主張である。「産む産まないは女がきめる」、リプロダクティブ・ライツもそこからでてくる。しかしこれには問題もある。リプロダクティブ・ライツの射程は一代かぎりということだ。産まない選択をした場合、そこで未来へ向けてのいのちの連鎖からはずれる。たとえ産んだとしても当事者性としてのリプロダクティブ・ライツは次の世代には及ぼせない。わたしが母になるかどうかは選べても、祖母になるかどうかは選べないことなのだ。

かつて「母」を否定した森崎和江は、「一代主義」を批判して生命の連続性を語っている。「いま、一番気になっているのは、近年、急速に現実化してきた「一代主義」の文化です。生命の連続性に対する思想性の欠如です。「生命がこの世に連続的に存在することを、どのように思想化すればいいのか。産む産まない産めないなど個々の条件や、選択を越えて、そして何よりも物質文明に流されることなく、生命界の一員として」と考え続けています。[7]」

ひとはみな一人の女性から生まれ、誰かに世話されて育ってきた。その意味ではすべてのひとはいのちの連鎖の中で生きている。過去の恩恵だけ享受して、未来への責任を放棄することはできない。産まなくとも、次世代を世話し育てることはできる。直接世話しなくともその健やかな成長のためにやれることはたくさんある。それは過去からの恩恵で生きてきた人間の当事者としての責任でもあるだろう。

一九七〇年代はじめ、「母」を拒否し自己解放をめざしたリブは、一方で〈産む性〉にこだわった。女である〈私〉は否応なしに〈産む性〉であるからだ。それを引き受けつつ近代家族に閉ざされた「母」を回避するために、リブ新宿センターのメンバーは、「女がいて子どもがいて、産む女も産まない女も子どものことを日常の中でリアルに直視していける場」として東京こむうぬを立ち上げた。「こむうぬ」とは子産み＋コミューンを合成したネーミングである。その中心だった武田美由紀はのちに「産むことと育てることをやっぱり分けて考えたいというのがあった」と語っている。[8] フェミニズムの理念である当事者性を手放さず、しかも一代主義に回収されないためには、へその緒のつながりに依拠した閉塞的子育てを開いていくことが必要だろう。

V 「母として」と脱原発運動

原発はまさに森崎のいう一代主義文化の産物である。その重大な事故により、未来の生命が危機にさらされている現在、母親たちは「子どものために」と脱原発に立ち上がっている。フェミニズムはこれをどう考えればいいだろうか。二〇余年前、チェルノブイリ原発事故後、日本でも女性たちによる反原発運動が盛り上がった。とくに一九八八年の伊方原発出力調整にあたっては、全国から幼い子どもをかかえた母親が反対に駆けつけた。当時これに対してフェミニストの間から、「なぜ母親としてなのか、子どものためなのか」という批判があった。当事者性による批判である。私自身も、こうした動きをうながす上で大きな役割を果たした甘蔗珠恵子の『まだ、まにあうのなら』[9]に対し、母性の本質主義化を批判した[10]。そこでは動物本能になぞらえて、母親の子どもを守る「本能」が讃えられていたのだ。

今回はそうした批判はあまり聞かれない。それよりも母たちの立ち上がりを評価する声が多いようだ。しかし「母親として」、「子どものために」は両義性を持つ。放射能による子どもの健康被害を理由とする原発反対の一方で、「子どもの将来の生活」のための原発容認もある。子や孫が出稼ぎしないですむ雇用創出は、過疎地に生きる人々にとって、原発容認の最大の理由である。3・11以後もそれは決定的にかわったようには見えない。(11)

〈子どもの安全のための原発反対〉と、〈子どもの生活のための原発容認〉。同じ「母として」の相反するこの二つの立場を、フェミニズムはどう考えたらいいだろうか？　そのカギは〈母〉と〈当事者性〉のとらえ方にあるように思える。

〈母〉を、産む産まないにかかわらず子どもの世話をするひと、ケアの担い手と考えれば、子どもの安全は〈母〉としての当事者性の範疇にある。ケアがなければ生きていけない依存する存在を守ること、それはケアするものの当事者としての責任である。それに対して子どもの将来の生活は、成人した子ども自身の当事者性の問題である。母として、子どもの将来の生活を理由にするのは子どもの当事者性の侵害というべきだろう。ただし、ケアの範囲をどこまでと考えるかは、そう簡単な問題ではない。子どもが現社会で自立して生きられるまでとすれば、〈自立〉の中身によってはケアの期間はのびる可能性がある。

しかしいずれにしても放射能汚染による子どもの被害は、私たちおとなが、この地震列島の海岸に五四基もの原発を建て、便利な生活を享受した結果といえる。母に限らず大人はみな、そうした状況を生み出した、とまでは言えなくても、少なくともやめさせなかった当事者として、脱原発社会をめざす責任があるのではなかろうか。

Ⅵ　性の絆からケアの絆へ

近代家族は男女の性の絆を基本とする異性愛家族である。子どもはその中で生まれ、産んだ女に世話されて育つのが当然とされてきた。しかしいま、そうした家族は明らかに機能不全に陥っている。それを嘆き再構築をいう声はつとに喧しい。しかし近代家族は、いうまでもなく近代という時代が生み出したものであり、けっして通歴史的でもなければ普遍的でもない。耐用年数のつきた近代家族にしがみつくよりは、あたらしい家族のあり方を考えるべきだろう。

そのとき参考になるのはマーサ・A・ファインマンやエヴァ・フェダー・キティの提起である。ひとの一生には必ず依存の時期がある。ということはケアするものの存在が不可欠だということだ。近代社会は公私二元体制のもと、ケアを私事化しおとしめ、女に担わせてきた。女はケアを担うことによって自立を妨げられ、差別されてきた。キティの『愛の労働あるいは依存とケアの正義論』(12)を読めば、ソクラテスはじめ古今の大哲学者・思想家がいかに依存に無自覚で、成人男子中心の社会を構想してきたかよくわかる。その不正義は正されねばならない。依存を人間の基本的条件として、ケアを位置づける社会が構想されねばならない。

そのとき家族は、性の絆ではなくケアの絆で結び直される。そのケアの絆をファインマンは〈母子〉関係という。[13] この〈母子〉は血縁としてのそれではなく、ケアするもの／されるもののメタファーである。このとき「母」は産んだ女＝世話するひとの緊縛を解かれ、産む産まないにかかわらずケアする存在のメタファーとなる。そうなれば「母」は、産んだ女と産まない女や異性愛主義による女の分断とは無縁なものになるだろう。

しかしメタファーであれ「母」の語を使うかぎり、「産む」がついてまわる可能性はないだろうか。その結果、母親大会のスローガン「生命をうみだす母親は、生命を育て、生命を守ることをのぞみます」にある「産む」に依拠した「母」の聖化を呼びこむことはないだろうか。その危惧は捨てきれない。

それに対して、ファインマン同様に〈母子〉をケアの絆のメタファーとする牟田和恵は、「母」への危惧に理解を示しつつも、ひとは母の胎内で栄養を得るという「ケア」を受けない限りひととして誕生できないことをあげ、メタファーの有効性を述べている。[14] そして妊娠した女性はその意思とは無関係に体内の生命体に「栄養を与え、生育の環境を提供して『ケア』を行っている」として、ケアの絆は、「近代以降の社会が信奉してきた「個人の自由」「選択の自由」というリベラリズムの論理とは対立する」という。これはこの小論で私がこだわってきた「当事者性」にもかかわる提起だろう。しかしこれについては機会を改めて考えたい。

註

（1）エリザベト・バダンテール『母性という神話』筑摩書房、一九九一年
（2）服藤早苗『平安朝の母と子――貴族と庶民の家族生活史』中公新書、一九九一年
（3）『母の愛にうったえる――世界母親大会準備会報告集』一九五五年
（4）飯島愛子「どのように闘うことが必要とされているのか」一九六九年一〇月（飯島愛子『〈侵略＝差別〉の彼方へ　あるフェミニストの半生』インパクト出版会、二〇〇六年　一七二頁
（5）『無名通信』創刊号　一九五九年八月
（6）「座談会・リブセンをたぐり寄せて見る」『銃後史ノート戦後篇8　全共闘からリブへ』インパクト出版会　一九九六年　二二〇頁
（7）森崎和江「母国を探して」『ふくおか国際女性フォーラム'98　報告書』一九九九年
（8）前出「座談会・リブセンをたぐり寄せて見る」二一八頁
（9）甘庶珠恵子『まだ、まにあうのなら――私の書いたいちばん長い手紙』地湧社、一九八七年
（10）加納実紀代「「母性」が陥る危険について」『クリティーク』12　一九八八年（本書一五六頁
（11）過酷きわまりない福島原発の事故後も、柏崎刈羽、山口県上関など原発立地自治体選挙に

おいて、依然として維持・推進派が勝っている。（二〇一二年末現在）
（12）エヴァ・フェダー・キテイ『愛の労働　あるいは依存とケアの正義論』白澤社、二〇一〇年
（13）マーサ・A・ファインマン『家族、積みすぎた方舟』学陽書房、二〇〇三年
（14）牟田和恵「キティ哲学が私たちに伝えてくれるもの」エヴァ・フェダー・キテイ『ケアの倫理からはじめる正義論』白澤社、二〇一一年
（二〇一二年六月二日、日本女性学会大会シンポジウム「再考・フェミニズムと「母」の分断」における報告をもとに加筆訂正）

あとがき

製造当初の機材だけを使って修復したというが、機体はまぶしいほど銀色に輝いていた。当時B29について言われた「空の要塞」の威圧感はない。それどころか、大きな翼を伸びやかに広げた姿は、優美でさえある。説明のパネルには、「the most sophisticated propeller-driven bomber of World War II」とある。第二次大戦における最も精巧なプロペラ爆撃機というわけだ。機首近くにシンプルな字体でENOLA GAYと書かれていた。

六八年前の八月六日朝、この飛行機はわたしの頭上にいたのだ。木原さん宅で白い閃光をみたときはすでに広島上空を離れ、安全地帯から原爆爆発の効果を確認していたろう。公文書館でみつけた投下一五分後の報告には、完璧なる成功、いかなる実験より威力大といった記述がある。その結果、カッチャンは焼けただれ、ミチコちゃんはドッジボールのようにふくれあがって死んだ。

しかしいま、スミソニアン航空宇宙博物館別館に展示されているエノラ・ゲイは、翼の下に晴嵐、紫電改、屠龍、月光、桜花など古ぼけた日本の戦闘機を擁し、まるで傷ついたひな鳥を守る母鳥のおもむきである。そういえばエノラ・ゲイとは、機長ティベッツ大佐の母親の名前だった。

アトミック・サンシャイン、原子力的ひなたぼっこという言葉が改めて胸に浮かんだ。本書六四ページにあるように、これは新憲法草案を日本側に押し付けるにあたってホイットニーが言ったとされるものだが、わたしはこの言葉から象徴天皇制を柱とする日本の戦後体制と〈核〉の抱擁関係を感じる。

わたし自身は「戦後民主教育第一期生」であり、仲間たちとともに行ってきた研究では数多くの資料や聞き取りをふまえ、日本の女性にとって「負けてよかった」と考えてきた（『銃後史ノート9号　女たちの8・15』JCA出版　一九八四年、『同10号　女たちの戦後・その原点』同　一九八五年）。しかし3・11以後、二一世紀になって新たに発掘された資料や占領期研究に触れ、足下が揺らぐような思いをしている。とくに土屋由香『親米日本の構築―アメリカの対日情報・教育政策と日本占領』（明石書店　二〇〇九年）、身崎とめこ「GHQ／CIE教育映画とその影響」（『IMAGE & GENDER』7号　二〇〇七年）、池川玲子「占領軍が描いた日本女性史」（『歴史評論』753号　二〇一三年）等のCIA映画の研究、岡原都の占領期ラジオ放送の研究等には衝撃を受けた。わたし自身の「戦後民主教育第一期生」意識や、多くの女性たちの「負けてよかった」との占領認識自体、占領政策によってつくられたものなのか？　そのことと〈核〉を抱擁しての戦後の出発は関係あるのだろうか？

本書にはこうした問題意識は反映されていない。今後の課題としたい。また、本書は一九五〇年代と九〇年代以後が中心であり、その間はすっぽり抜けている。七〇年代半ばまでの女性の状況については、傲慢にもこれまでの研究でそれなりの蓄積があると思っていたが、〈核〉を柱に再検証する必要を感じている。余命が許すかぎりとりくみたいと思う。いろいろご教示いただければ幸いである。

二年目の３・11を前にして。

加納実紀代

加納実紀代（かのうみきよ）
1940年ソウルに生れる。1976年より「女たちの現在を問う会」会員として、96年までに『銃後史ノート』10巻（JCA出版）、『銃後史ノート戦後篇』8巻（インパクト出版会）を刊行。
◆著書
『女たちの〈銃後〉』筑摩書房、1987年、増補新版、1995年、インパクト出版会
『越えられなかった海峡—女性飛行士・朴敬元の生涯』時事通信社、1994年
『まだ「フェミニズム」がなかったころ』インパクト出版会、1994年
『天皇制とジェンダー』インパクト出版会、2002年
『ひろしま女性平和学試論—核とフェミニズム』家族社、2002年
『戦後史とジェンダー』インパクト出版会、2005年
◆主要編著書
『女性と天皇制』思想の科学社、1979年
『自我の彼方へ—近代を超えるフェミニズム』社会評論社、1990年
『母性ファシズム』学陽書房、1995年
『性と家族』社会評論社、1995年
『リブという〈革命〉』インパクト出版会、2003年
『女性史・ジェンダー史』日本のフェミニズム10巻、岩波書店、2009年

ヒロシマとフクシマのあいだ
ジェンダーの視点から

2013年3月21日　第1刷発行

著　者　加納実紀代
発行人　深田　卓
装幀者　宗利淳一
発　行　インパクト出版会
〒113-0033　東京都文京区本郷2-5-11　服部ビル2F
Tel 03-3818-7576　Fax 03-3818-8676
E-mail：impact@jca.apc.org
http:www.jca.apc.org/˜impact/
郵便振替　00110-9-83148

モリモト印刷